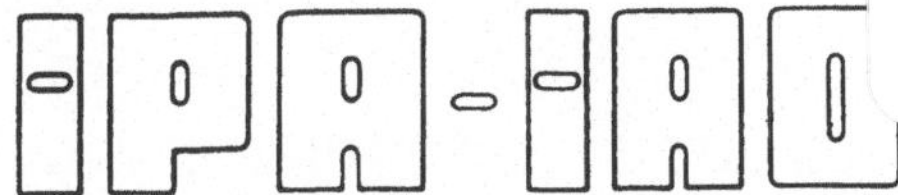

Forschung und Praxis

Band 137

Berichte aus dem
Fraunhofer-Institut für Produktionstechnik
und Automatisierung (IPA), Stuttgart,
Fraunhofer-Institut für Arbeitswirtschaft
und Organisation (IAO), Stuttgart, und
Institut für Industrielle Fertigung und
Fabrikbetrieb der Universität Stuttgart

Herausgeber: H. J. Warnecke und H.-J. Bullinger

Horst Nespeta

Ein Beitrag zur Planung und Bewertung Neuer Arbeitsstrukturen in NE-Metallgießereien

Dargestellt am Beispiel der Fertigungsinsel

Mit 58 Abbildungen

Springer-Verlag
Berlin Heidelberg New York
London Paris Tokyo Hong Kong 1989

Dipl.-Wirtsch.-Ing. Horst Nespeta

Fraunhofer-Institut für Arbeitswirtschaft und Organisation (IAO), Stuttgart

Dr.-Ing. H. J. Warnecke

o. Professor an der Universität Stuttgart
Fraunhofer-Institut für Produktionstechnik und Automatisierung (IPA), Stuttgart

Dr.-Ing. habil. H.-J. Bullinger

o. Professor an der Universität Stuttgart
Fraunhofer-Institut für Arbeitswirtschaft und Organisation (IAO), Stuttgart

D 93

ISBN-13 : 978-3-540-51419-0 e-ISBN-13 : 978-3-642-83861-3
DOI : 10.1007 / 978-3-642-83861-3

Gesamtherstellung: Copydruck GmbH, Heimsheim
2362/3020—543210

Geleitwort der Herausgeber

Futuristische Bilder werden heute entworfen:

- o Roboter bauen Roboter,
- o Breitbandinformationssysteme transferieren riesige Datenmengen in Sekunden um die ganze Welt.

Von der "menschenleeren Fabrik" wird da gesprochen und vom "papierlosen Büro". Wörtlich genommen muß man beides als Utopie bezeichnen, aber der Entwicklungstrend geht sicher zur "automatischen Fertigung" und zum "rechnerunterstützten Büro". Forschung bedarf der Perspektive, Forschung benötigt aber auch die Rückkopplung zur Praxis - insbesondere im Bereich der Produktionstechnik und der Arbeitswissenschaft.

Für eine Industriegesellschaft hat die Produktionstechnik eine Schlüsselstellung. Mechanisierung und Automatisierung haben es uns in den letzten Jahren erlaubt, die Produktivität unserer Wirtschaft ständig zu verbessern. In der Vergangenheit stand dabei die Leistungssteigerung einzelner Maschinen und Verfahren im Vordergrund. Heute wissen wir, daß wir das Zusammenspiel der verschiedenen Unternehmensbereiche stärker beachten müssen. In der Fertigung selbst konzipieren wir flexible Fertigungssysteme, die viele verkettete Einzelmaschinen beinhalten. Dort, wo es Produkt und Produktionsprogramm zulassen, denken wir intensiv über die Verknüpfung von Konstruktion, Arbeitsvorbereitung, Fertigung und Qualitätskontrolle nach. Rechnerunterstützte Informationssysteme helfen dabei und sollen zum CIM (Computer Integrated Manufacturing) führen und CAD (Computer Aided Design) und CAM (Computer Aided Manufacturing) vereinen. Auch die Büroarbeit wird neu durchdacht und mit Hilfe vernetzter Computersysteme teilweise automatisiert und mit den anderen Unternehmensfunktionen verbunden. Information ist zu einem Produktionsfaktor geworden, und die Art und Weise, wie man damit umgeht, wird mit über den Unternehmenserfolg entscheiden.

Der Erfolg in unseren Unternehmen hängt auch in der Zukunft entscheidend von den dort arbeitenden Menschen ab. Rationalisierung und Automatisierung müssen deshalb im Zusammenhang mit Fragen der Arbeitsgestaltung betrieben werden, unter Berücksichtigung der Bedürfnisse der Mitarbeiter und unter Beachtung der erforderlichen Qualifikationen. Investitionen in Maschinen und Anlagen müssen deshalb in der Produktion wie im Büro durch Investitionen in die Qualifikation der Mitarbeiter begleitet werden. Bereits im Planungsstadium müssen Technik, Organisation und Soziales integrativ betrachtet und mit gleichrangigen Gestaltungszielen belegt werden.

Von wissenschaftlicher Seite muß dieses Bemühen durch die Entwicklung von Methoden und Vorgehensweisen zur systematischen Analyse und Verbesserung des Systems Produktionsbetrieb einschließlich der erforderlichen Dienstleistungsfunktionen unterstützt werden. Die Ingenieure sind hier gefordert, in enger Zusammenarbeit mit anderen Disziplinen, z. B. der Informatik, der Wirtschaftswissenschaften und der Arbeitswissenschaft, Lösungen zu erarbeiten, die den veränderten Randbedingungen Rechnung tragen.

Beispielhaft sei hier an den großen Bereich der Informationsverarbeitung im Betrieb erinnert, der von der Angebotserstellung über Konstruktion und Arbeitsvorbereitung, bis hin zur Fertigungssteuerung und Qualitätskontrolle reicht. Beim Materialfluß geht es um die richtige Auswahl und den Einsatz von Fördermitteln sowie Anordnung und Ausstattung von Lagern. Große Aufmerksamkeit wird in nächster Zukunft auch der weiteren Automatisierung der Handhabung von Werkstücken und Werkzeugen sowie der Montage von Produkten geschenkt werden.

Von der Forschung muß in diesem Zusammenhang ein Beitrag zum Einsatz fortschrittlicher intelligenter Computersysteme erfolgen. Planungsprozesse müssen durch Softwaresysteme unterstützt und Arbeitsbedingungen wissenschaftlich analysiert und neu gestaltet werden.

Die von den Herausgebern geleiteten Institute, das

- Institut für Industrielle Fertigung und Fabrikbetrieb der Universität Stuttgart (IFF),

- Fraunhofer-Institut für Produktionstechnik und Automatisierung (IPA),

- Fraunhofer-Institut für Arbeitswirtschaft und Organisation (IAO)

arbeiten in grundlegender und angewandter Forschung intensiv an den oben aufgezeigten Entwicklungen mit. Die Ausstattung der Labors und die Qualifikation der Mitarbeiter haben bereits in der Vergangenheit zu Forschungsergebnissen geführt, die für die Praxis von großem Wert waren. Zur Umsetzung gewonnener Erkenntnisse wird die Schriftenreihe "IPA-IAO - Forschung und Praxis" herausgegeben. Der vorliegende Band setzt diese Reihe fort. Eine Übersicht über bisher erschienene Titel wird am Schluß dieses Buches gegeben.

Dem Verfasser sei für die geleistete Arbeit gedankt, dem Springer-Verlag für die Aufnahme dieser Schriftenreihe in seine Angebotspalette und der Druckerei für saubere und zügige Ausführung. Möge das Buch von der Fachwelt gut aufgenommen werden.

H. J. Warnecke · H.-J. Bullinger

Vorwort

Die Metallgießereien, und hier besonders die klein- und mittelständischen Kundengießereien, werden zunehmend mit steigenden Qualitätsansprüchen, erhöhter Lieferbereitschaft und wachsenden Mitarbeiterforderungen nach mehr Arbeitsqualität konfrontiert.

Eine mögliche Antwort auf diese vielfältigen Herausforderungen kann - unter bestimmten Voraussetzungen - das Konzept der Fertigungsinsel als ideal-typischer Vertreter "Neuer Arbeitsstrukturen" sein.

Speziell für die Gießverfahren "Kokillengießen" und "Druckgießen" eignet sich dieses Konzept bei hoher Typen- und Variantenvielfalt vor allem im unteren Losgrößenbereich.

In Verbindung mit einer erhöhten Fertigungstiefe - bei gleichzeitiger Bereitschaft der Mitarbeiter mehr Verantwortung im Produktionsprozeß zu übernehmen - kann das Konzept der Fertigungsinsel als ein weiterer Baustein zur Bildung sogenannter "gemischter Strukturen" angesehen werden. Diese gemischte Strukturen" stellen eine Kombination von "neuen" und "konventionellen" Arbeitsstrukturen dar und haben sich bei ähnlich gelagerten Problemstellungen in der Teilefertigung und Montage seit Jahren bestens bewährt.

Die vorliegende Arbeit entstand während meiner Tätigkeit als wissenschaftlicher Mitarbeiter am Fraunhofer-Institut für Produktionstechnik und Automatisierung (IPA) und am Fraunhofer-Institut für Arbeitswirtschaft und Organisation (IAO).

Herrn Prof. Dr.-Ing. habil. H.-J. Bullinger, Inhaber des Lehrstuhls für Arbeitswissenschaft an der Universität Stuttgart und Leiter des Fraunhofer-Instituts für Arbeitswirtschaft und Organisation (IAO), gilt für die wissenschaftliche Unterstützung und wohlwollende Förderung dieser Arbeit mein herzlicher Dank.

Herrn Prof. Dr.-Ing. R. Hackstein, Inhaber des Lehrstuhls für Arbeitswissenschaft und Direktor des Forschungsinstituts für Rationalisierung (FIR) an der Rheinisch-Westfälisch Technische Hochschule Aachen (RWTH), danke ich für die eingehende Durchsicht der Arbeit und die sich daraus ergebenden konstruktiven Hinweise.

Meinen Kollegen sei Dank für ihre kritischen Hinweise und stete Diskussionsbereitschaft, insbesondere den Herren Dipl.-Ing. W. Bauer, Dipl.-Ing. U. Hallwachs, Dr. phil. habil. K. Kornwachs und Dipl.-rer. soc. J. Pack.

Darüber hinaus sei all jenen gedankt, die an der Erstellung des Manuskriptes beteiligt waren.

Stuttgart, im März 1989 Horst Nespeta

INHALTSVERZEICHNIS

Seite

Seite

Seite

Formelzeichen und Abkürzungen

Zeichen	Einheit	Bedeutung
A 1 bis A 6		Analysekriterien des Tätigkeitsbewertungssystems
AET		Arbeitswissenschaftliches Erhebungsverfahren zur Tätigkeitsanalyse
AG		Arbeitsgang
AT		Arbeitstätigkeit
AWF		Ausschuß für Wirtschaftliche Fertigung e.V.
B 1 bis B 4		Analysekriterien des Tätigkeitsbewertungssystems
BM		Betriebsmittel
C 1 bis C 4		Analysekriterien des Tätigkeitsbewertungssystems
CNC		Computerized Numerical Control
DLZ	min	Durchlaufzeit
⟨E⟩		Symbol für Entscheidung
EDV		Elektronische Datenverarbeitung
FIR		Forschungsinstitut für Rationalisierung
F_Z	N	Zuhaltekraft

G_P		Prozeßtechnischer Geschlossenheitsgrad
G_A		Arbeitsorganisatorischer Geschlossenheitsgrad
HdA		Humanisierung des Arbeitslebens
ISIMOS		Interaktive Simulation von Montagesystemen
J		Ja
KB	DM x min	Kapitalbindung
N		Nein
$\in \mathbb{N}$		Menge der natürlichen Zahlen
NE		Nichteisen
PF_B		Bewertungsfaktor der Persönlichkeitsförderlichkeit
PF_G		Faktor der Umgestaltungserfordernisse
PF_W		Gesamtpunktwert der Persönlichkeitsförderlichkeit
PPS		Produktions-Planungs-Systeme
RWTH		Rheinisch-Westfälische Technische Hochschule
TBS-K		Tätigkeitsbewertungssystem in seiner Kurzform
Z		Zeitdauerschlüssel
ZE		Zeiteinheit

1 EINLEITUNG

Ständige Veränderungen der technischen, ökonomischen und sozialen Umwelt zwingen die Industrieunternehmen, stärker als dies in der Vergangenheit der Fall war, die bestehenden Planungs- und Steuerungskonzeptionen für ihre Produktionssysteme neu zu überdenken und entsprechende Anpassungen vorzunehmen /1/.

Besonders die Einflüsse des Marktes mit seiner wachsenden Typen- und Variantenvielfalt bei gleichzeitig abnehmenden Losgrößen, der rasche technische Fortschritt, der sich im stark gestiegenen Einsatz der Mikroelektronik im Produktionsbereich widerspiegelt und die immer noch lebhaft geführten Diskussionen um mehr Lebensqualität in der Arbeitswelt haben "Neue Arbeitsstrukturen" vor allem in der Montage und in der Teilefertigung wieder stärker ins Bewußtsein der Planung gerückt /2, 3, 4/.

Diese "Neuen Arbeitsstrukturen" oder "Neuen Arbeitsformen" wie sie auch synonym bezeichnet werden, lassen sich schlagwortartig mit den Begriffen "Nestermontage" bzw. "Gemischte Strukturen" in der Montage und "Fertigungszellen" bzw. "Fertigungsinseln" in der Teilefertigung umschreiben /5, 6, 7/.

Speziell für das Gießereiwesen, das vorwiegend als reine Zulieferindustrie angesehen werden kann, hatten diese Veränderungen auf dem Absatz- und Arbeitsmarkt zum Teil schwerwiegende Folgen. Das schlechte Gießerei-Image auf dem freien Arbeitsmarkt führt trotz anhaltend hoher Arbeitslosenziffern auch heute noch zu erheblichen Rekrutierungsproblemen vor allem bei jüngeren qualifizierten Mitarbeitern /8, 9, 10/.

Für die Gießereien kamen erschwerend die gestiegenen Anforderungen seitens der Abnehmer bezüglich Liefertermintreue und Gußteilequalität hinzu. Dies war außerdem verbunden mit einer schlechten Ertragslage für Gießereierzeugnisse auf den In- und Auslandsmärkten /11/. Eine der Hauptursachen für die oben beschriebene Situation ist neben dem Einsatz zum Teil veralteter Produktionstechnologien in den konventionellen, tayloristischen Organisationsstrukturen zu sehen /12, 13/.

Damit gewinnt für das Gießereiwesen der Gegenstandsbereich der Fertigungsorganisation in zweierlei Hinsicht an Bedeutung:

- als Gestaltungspotential für eine gezielte Verbesserung der Arbeitsqualität und
- als Rationalisierungspotential zur Flexibilisierung der Fertigung und damit zur langfristigen Wettbewerbssicherung.

In der vorliegenden Arbeit soll daher ein Weg aufgezeigt werden, wie diese tayloristischen Organisationsstrukturen im Sinne Neuer Arbeitsstrukturen und hier speziell im Sinne von Fertigungsinseln verändert werden können. Es ist deshalb zu untersuchen, welchen Beitrag die Einführung von Fertigungsinseln in NE-Metallgießereien für die Gießverfahren "Kokillen- und Druckguß" an den oben formulierten Zielvorstellungen tatsächlich leisten kann.

2 BEGRIFFSBESTIMMUNGEN UND ABGRENZUNG DER PROBLEMSTELLUNG

2.1 Begriffsbestimmungen

Im folgenden sollen die wichtigsten Begriffe, die in dieser Arbeit Verwendung finden, näher erläutert werden.

2.1.1 Zum Begriff Neuer Arbeitsstrukturen:

Der Begriff Neue Arbeitsstrukturen leitet sich vom Begriff Arbeitsstrukturierung ab, für den 1968 erstmals in einer Firmenschrift der Philips-Werke eine Definition gegeben wurde. In seiner sinngemäßen Übersetzung bedeutet dieser Begriff nach /14/: "Arbeitsstrukturierung (Work Structuring) heißt Organisieren der Arbeit, ihrer Situation und Bedingungen, so daß bei Erhaltung oder Steigerung der Leistung der <u>Arbeitsinhalt</u> möglichst mit den Fähigkeiten und Strebenszielen des einzelnen Mitarbeiters übereinstimmt". An anderer Stelle heißt es: "Arbeitsstrukturierung heißt auch Organisieren von der Basis nach oben unter Bildung teilautonomer Gruppen".

Zippe übernimmt inhaltlich diese Definition der Arbeitsstrukturierung und baut darauf die Begriffe "Neue Arbeitsstrukturen" oder synonym "Neue Arbeitsformen" auf /15/.

Für die vorliegende Arbeit soll in Anlehnung an /14/ und /15/ unter den Begriffen "Arbeitsstrukturierung" und "Neue Arbeitsstrukturen" folgendes verstanden werden:

Mit Arbeitsstrukturierung wird ein Prozeß der gezielten Veränderung vorwiegend der Arbeitsorganisation und damit von Arbeitsinhalten und Beziehungsstrukturen bezeichnet, bei dem technische, soziale und ökonomische Erkenntnisse gleichzeitig und gleichrangig im Planungs- und Entscheidungsprozeß beachtet und berücksichtigt werden.
Das Ergebnis dieses Prozesses stellen Neue Arbeitsstrukturen dar. Das "Neue" an diesen Arbeitsstrukturen gegenüber den konventionellen Arbeitsstrukturen ist, daß technische Restriktionen, die

eine personalorientierte Auslegung von Arbeitssystemen erschweren oder gar verhindern minimiert und die so entstehenden organisatorischen Freiräume planerisch bewußt im Sinne einer menschengerechten Arbeitsgestaltung genutzt werden.

2.1.2 Zum Begriff der Fertigungsinsel:

Die Fertigungsinsel basiert auf dem Konzept der gruppentechnologischen Fertigungszelle (group technology cell) und hat erst in jüngster Zeit auf breiter Basis Eingang in die einschlägige Literatur gefunden. Im Gegensatz zur gruppentechnologischen Fertigungszelle ist in der Fertigungsinsel die Integration von Planungs-, Entscheidungs- und Steuerungsaufgaben ausdrücklich vorgesehen. In dieser Arbeit soll die Definition des Ausschusses für wirtschaftliche Fertigung e.V. (AWF) für den Begriff der Fertigungsinsel übernommen werden /16/:

"Die Fertigungsinsel hat die Aufgabe, innerhalb des Gesamtsystems der Fertigung Produkte oder Produktteile vom Ausgangsmaterial ausgehend möglichst vollständig zu fertigen. Die notwendigen Betriebsmittel sind räumlich in der Fertigungsinsel nach dem Objektprinzip konzentriert.
Das Organisationskonzept der in der Fertigungsinsel beschäftigten Gruppe kann durch folgende Kriterien beschrieben werden:

- Eine zu starre Arbeitsteilung wird zugunsten der Erweiterung der Dispositionsspielräume des einzelnen verändert.
- Eine weitgehende Selbststeuerung der Arbeits- und Kooperationsprozesse wird der Gruppe zugeordnet; diese kann auch Planungs-, Entscheidungs- und Kontrollfunktionen innerhalb vorgegebener Rahmenbedingungen beinhalten".

2.1.3 Zum Begriff der Persönlichkeitsförderlichkeit:

Der Begriff Persönlichkeitsförderlichkeit ist ein Begriff aus der allgemeinen Arbeits- und Ingenieurpsychologie /17, 18/.
Nach /19/ sind persönlichkeitsförderlich "solche arbeitsgestalterischen Lösungen, die es den Mitarbeitern gestatten, persönlichkeitszentrale Leistungsvoraussetzungen - besonders Fähigkeiten und Einstellungen/Bedürfnisse für deren individuell und gesellschaftlich nützlichen Einsatz - innerhalb von Arbeitstätigkeiten zu erhalten und zu erweitern". Eine Arbeitstätigkeit kann in An-

lehnung an /20/ dann als optimal persönlichkeitsförderlich bezeichnet werden, wenn sie folgenden Anforderungen genügt:

- Es müssen Freiheitsgrade für selbständiges Arbeiten mit eindeutig zuordenbaren Verantwortlichkeiten und Kompetenzen für die Arbeitskraft vorhanden sein

- Es müssen produktive Umsetzungen des vorhandenen Berufswissens und umfassende Lernerfordernisse aus der Arbeitstätigkeit heraus resultieren

- Es müssen komplexe Anforderungen bzgl. der Informationsaufnahme und -verarbeitung an eine Arbeitskraft vorliegen, so daß ein selbständiges Analysieren und Beurteilen der Arbeitssituation ermöglicht wird

- Es müssen innerhalb der eigenen Arbeitstätigkeit Möglichkeiten bestehen, selbständig arbeitsnotwendige Maßnahmen abzuleiten und zu organisieren

- Es müssen arbeitsbedingte Voraussetzungen zur Gruppenbildung und damit Möglichkeiten zur zeitlichen und inhaltlichen Abstimmung der Arbeitskräfte untereinander bestehen.

2.1.4 Zu den Begriffen statischer und dynamischer Muskelarbeit:

Die mechanischen Reaktionen des Muskels auf einen Reiz können verschieden verlaufen und erzeugen dann unterschiedliche physiologische Formen der Muskeltätigkeiten, wobei hier zwischen statischer und dynamischer Muskelarbeit unterschieden werden muß /21/.

Bei "statischer Muskelarbeit" wird die erhöhte Muskelspannung benötigt, um einer außen angreifenden Kraft - ohne Muskelkontraktion - das Gleichgewicht zu halten.

Bei "dynamischer Muskelarbeit" dagegen ist die entwickelte Muskelspannung durch Muskelkontraktion größer als die außen angreifenden Kräfte /21/.

Bei statischer Muskelarbeit können in der Praxis zwei weitere Grundtypen unterschieden werden: Entweder werden Kräfte an Hebel, Werkzeuge oder Gegenstände abgegeben oder die statische Muskelanspannung dient ausschließlich dazu, die notwendige Körperhaltung aufrecht zu erhalten, ohne daß Kräfte nach außen abgegeben werden /22/.

Laurig und Rohmert ordnen dem ersten Fall den Begriff statische Haltearbeit und dem zweiten Fall den Begriff statische Haltungsarbeit zu /22/.

Bei dynamischer Muskelarbeit wird in schwere dynamische und in einseitig dynamische Muskelarbeit unterschieden. "Schwer" bezeichnet im arbeitsphysiologischen Sinne den Einsatz großer (schwerer) Muskelgruppen. Werden dagegen für eine dynamische Muskelarbeit weniger als 1/7 der Gesamtmuskelmasse des Körpers benötigt und liegt die Belastungsfrequenz der arbeitenden Muskelmasse höher als 15 Betätigungen pro Minute, so spricht man von einseitig dynamischer Muskelarbeit /23/.

2.2 Problematik der Fertigungsorganisation in Nichteisen-Metallgießereien

Organisatorische und personelle Rahmenbedingungen eines Unternehmens werden maßgeblich durch die Betriebsgröße, die Programmstruktur und durch die Fertigungsstruktur bestimmt (vgl. hierzu auch /24, 25/).

Gerade bei den Metallgießereien übt die Unternehmensgröße verstärkt Einfluß auf die organisatorische und personelle Situation im Unternehmen aus.

So gehört der überwiegende Teil dieser Gießereien auch heute noch zu den typischen Vertretern der klein- und mittelständischen Industrie. Nach /11/ hatten 76 % der Nichteisenmetallgießereien weniger als 50 Beschäftigte, 22 % aller Betriebe wiesen eine Beschäftigungszahl zwischen 50 und 500 Mitarbeitern auf und nur 2 % der Gießereien kamen über eine Beschäftigtenzahl von 500 Mitarbeitern.

Die Vielzahl dieser klein- und mittelständischen Betriebe stellen zudem sogenannte <u>Kundengießereien</u> dar, die die unterschiedlichsten Branchen mit den unterschiedlichsten Gußerzeugnissen beliefern.

Die heterogenen Produkt- und Kundenanforderungen in Verbindung mit dem klein- und mittelständischen Charakter dieser Unternehmen erschweren repräsentative Aussagen über ihre gegenwärtigen Probleme im organisatorisch-personellen Bereich.

Um dennoch einen Einblick in die innerbetriebliche Situation der Metallgießereien zu bekommen, wurden u.a. vom Forschungsinstitut für Rationalisierung (FIR) an der RWTH Aachen und vom Fraunhofer-Institut für Arbeitswirtschaft und Organisation (IAO) Mitte der 80er Jahre zwei getrennte Untersuchungen mit unterschiedlichen Themenschwerpunkten durchgeführt /26, 27/. Das Hauptziel der Untersuchungen des Fraunhofer-Instituts lag dabei in einer Bestandsaufnahme zur Fertigungstiefe in deutschen Metallgießereien. In dieser Studie wurde die technische, organisatorische und personelle Ausgangssituation der Betriebe erfaßt, sowie deren Voraussetzungen und Möglichkeiten für eine Erhöhung der Fertigungstiefe untersucht.

In diesem Zusammenhang soll unter einer erhöhten Fertigungstiefe die Anzahl derjenigen Arbeitsoperationen verstanden werden, die innerhalb der Gießerei am geputzten Gußstück vorgenommen werden, um einen zusätzlichen Beitrag zum Fertigungsfortschritt im Sinne des Endproduktes zu leisten. In der Regel sind dies vorwiegend Zerspanoperationen und Maßnahmen der Oberflächen- und Wärmebehandlung /27/.

Eine sehr gute thematische Ergänzung zur Untersuchung des Fraunhofer-Instituts für Arbeitswirtschaft und Organisation, bildete die Untersuchung des Forschungsinstituts für Rationalisierung, zum Thema: "EDV-Einsatz in Gießereien" /26/.

Im Rahmen weiterer Untersuchungen wurden spezielle Fragestellungen vertieft behandelt /28, 29/. Aufgrund der insgesamt vorliegenden Untersuchungsergebnisse läßt sich die durchschnittlich vorgefundene innerbetriebliche Situation in den Metallgießereien, wie in Bild 1 dargestellt, charakterisieren.

PROGRAMMSTRUKTUR
- hohe Typen- und Variantenvielfalt - relativ hohe Legierungsvielfalt - extrem schwankende Losgrößen - extrem schwankende Qualitätsanforderungen - relativ geringe Fertigungstiefe
FERTIGUNGSSTRUKTUR
- Einsatz unterschiedlichster Fertigungstechnologien - stark unterschiedlicher Automatisierungsgrad - relativ hoher Anteil veralteter Betriebsmittel - verrichtungsorientierte Anordnung von Betriebsmittel
ORGANISATIONSSTRUKTUR
- funktionsorientierte Gliederung indirekter Bereiche - hohe Gliederungstiefe in der Aufbauorganisation - Zentralisierung von Planungs-, Steuerungs- und Ausführungsfunktionen - relativ hoher Einsatz der elektronischen Datenverarbeitung im kaufmännischen Bereich - relativ geringer Einsatz der elektronischen Datenverarbeitung im planenden und steuernden Bereich - unzureichende Betriebsdatenerfassung - relativ lange Fertigungsdurchlaufzeiten - hohe Bestände an Halb- und Fertigwaren
AUFGABEN- UND ANFORDERUNGSSTRUKTUR
- hohe Arbeitsteiligkeit - sehr geringer Anteil persönlichkeitsförderlicher Arbeitsinhalte im direkt produktiven Bereich - hoher Anteil stark physisch belastender Tätigkeiten im direkt produktiven Bereich - stark belastende Arbeitsumweltbedingungen - geringer Entkopplungsgrad Mensch/Technik in Teil-Bereichen - hohe allgemeine Unfallgefährdung
PERSONALSTRUKTUR
- hoher Anteil an un- und angelernten Hilfskräften - hoher Anteil ausländischer Mitarbeiter - relativ hohe Fehlzeit- und Fluktuationsraten - steigende Rekrutierungsprobleme am Arbeitsmarkt

Bild 1: Charakterisierung der innerbetrieblichen Situation in NE-Metallgießereien

Die sich in den letzten Jahren abzeichnenden zukünftigen Perspektiven im Gießereiwesen (vgl. hierzu u.a. /30, 31, 32/), können hingegen wie folgt beschrieben werden:

- verstärkter Einzug der Mikroelektronik in die Gießereitechnologien
- eindeutiger Trend zum einbaufertigen Gußteil und damit zur Erhöhung der Fertigungstiefe in den Gießereien
- steigende Qualitätsansprüche an die Gußerzeugnisse als konsequente Weitergabe gestiegener Qualitätsansprüche des Endprodukts
- steigende Anforderungen an die Lieferbereitschaft aufgrund veränderter Fertigungsstrategien bei den Kunden wie z.B. "Anlieferung ans Band" in der Automobilindustrie und
- steigende Rekrutierungsprobleme bei jüngeren qualifizierten Fachkräften aufgrund unattraktiver Arbeitsbedingungen im Gießereiwesen.

Vergleicht man dieses Anforderungsprofil, welches für spezielle Abnehmer in Teilbereichen schon jetzt Realität geworden ist, zukünftig aber auf breiter Basis auf die gesamte Gießereiindustrie zukommen wird, mit der derzeitigen innerbetrieblichen Situation der Gießereien, so kommt die in dieser Branche auftretende Problematik deutlich zum Ausdruck.

Es ist deshalb zu prüfen, ob die Fertigungsinsel als innovatives Organisationskonzept, welches bewußt auf intelligente Arbeitsleistung, Komplett-Bearbeitung und mehr Verantwortung im Fertigungsbereich setzt, einen wesentlichen Beitrag zur Erhöhung der Arbeitsqualität und Steigerung der Produktionsflexibilität leisten kann, um damit den zukünftigen Anforderungen an die Gießereien in organisatorisch-personeller Hinsicht besser gerecht zu werden.

2.3 Vorhandene Arbeiten zum Problemkreis

Die komplexe Thematik Neuer Arbeitsstrukturen besitzt mehrere unterschiedliche Dimensionen. Im Hinblick auf ihre gesellschafts- und tarifpolitische Dimension, die an dieser Stelle nur kurz andiskutiert werden soll, können Neue Arbeitsstrukturen als sichtbares Zeichen für die Bemühungen um mehr Humanisierung im Arbeitsleben angesehen werden, wobei die Tarifparteien naturgemäß unterschiedliche Beweggründe für die Einführung und das Betreiben dieser personalorientierten Fertigungsstrukturen ins Feld führten (vgl. dazu ausführlich /33/).

Aufgrund der wissenschaftlichen Begleitforschung im Rahmen des Programms zur Humanisierung des Arbeitslebens (HdA) wurden schwerpunktmäßig für die Teilefertigung und Montage sogenannte Handlungsanleitungen oder Handlungshilfen zur Planung Neuer Arbeitsstrukturen getrennt nach einzelnen Fachdisziplinen wie Ingenieurwissenschaften, Arbeitspädagogik, Arbeitspsychologie und Ergonomie entwickelt (vgl. hierzu /34, 35, 36, 37, 38/).

Diese "isolierte" Betrachtungsweise spiegelt sich auch in den Ergebnisdarstellungen zur Planung Neuer Arbeitsstrukturen für den Ingenieurbereich wider. Technikplanung und Organisationsplanung werden vorwiegend getrennt betrachtet und ausgeführt, wobei weiterhin eine starke Technikzentrierung im Planungsablauf festzustellen ist (vgl. hierzu u.a. /34, 35/).

Mit der Entwicklung und der Einführung neuer Technologien, allen voran der Mikroelektronik, verbunden mit einer deutlichen Erhöhung des Automatisierungsgrades bei der Material- und Informationsverarbeitung, stieg die Komplexität der Produktionssysteme stark an. Eine ganzheitliche Betrachtungsweise von Organisation und Technik wurde - vor allem unter vorwiegend wirtschaftlichen Zielsetzungen - zunehmend Bestandteil planerischer Denkstrukturen und Vorgehensweisen (vgl. hierzu u.a. /1, 39, 40, 41, 42/).

Im Gegensatz zu diesen hochautomatisierten und kapitalintensiven Produktionsstrukturen der Serienfertigung, wurde im Bereich der Klein- und Mittelserienfertigung mit niedrig automatisierten Fertigungsabläufen und vergleichsweise geringem Kapitaleinsatz zu Beginn der 80er Jahre das Prinzip der Gruppentechnologie wieder "neu entdeckt". Im Hinblick auf Wettbewerbssicherung, Flexibilität und Humanität wurden die Vorteile der hierauf aufbauenden Fertigungsstrukturen wie die gruppentechnologische Fertigungszelle und die

Fertigungsinsel wieder ins Bewußtsein der Planer gerückt (vgl. hierzu u.a. /43, 44/).

Im ingenieurwissenschaftlichen Bereich wurde die Planung und Beurteilung dieser Fertigungsstrukturen Bestandteil zahlreicher Arbeiten. Beispiele hierfür sind die Arbeiten von Wolf, Saak, Heinz und Klaas /45, 46, 47/.

Für die Konzipierung von Fertigungszellen wird in /45/ - auf der Basis eines fertigungsbeschreibenden Klassifizierungssystems - zunächst eine flexible Zuordnung zu geeigneten Bearbeitungseinheiten mit Hilfe eines "automatisch arbeitenden Zuordnungssystems" vorgenommen. Unter kapazitiven Aspekten wird dann mit der "bearbeitungsorientierten Methode der Ausweichmaschinenermittlung" der Kapazitätsausgleich vorgenommen und damit die technische Struktur der Fertigungszelle festgelegt. Auf diesen Ergebnissen aufbauend, wird das Fertigungssteuerungssystem für die Fertigungszelle entsprechend angepaßt.

In /46/ wird mit Hilfe eines Simulationsmodells unter wirtschaftlichen Gesichtspunkten die Umstellung einer nach dem Verrichtungsprinzip organisierten Fertigung auf eine gruppentechnologische Fertigungszelle beurteilt. Fragestellungen zum Thema Neue Arbeitsstrukturen bleiben auch hier wie in /45/ unberührt.

Für den Bereich der Teilefertigung, stellen Heinz und Klaas eine Planungssystematik zur rechnergestützten Fertigungsstrukturierung vor /47/.
Darin wird, aufbauend auf vorhandene Fertigungstechnologien, im Rahmen von Umplanungen die Gestaltung einer optimalen Organisation in räumlicher und zeitlicher Hinsicht vor allem unter wirtschaftlichen Gesichtspunkten angestrebt. Arbeitsphysiologische und arbeitspsychologische Fragestellungen für eine personalorientierte Auslegung von Fertigungsstrukturen bleiben sowohl bei den Zeit- und Einflußgrößen als auch bei den Ergebnisdarstellungen im Planungsprozeß unberücksichtigt.

Vorgehensweisen zur Planung von Fertigungsinseln wurden mit unterschiedlichem Detaillierungsgrad beispielsweise in /2, 7, 16/ beschrieben. Während in /7/ auf sehr aggregiertem Niveau die Bildung von Fertigungsinseln in den 4 Stufen "Teilefamilie", "Fertigungsmittel", "Arbeitsgruppe" und "Fertigungsinsel" skizziert wird, erfolgt in /2/ eine detailliertere Beschreibung im Hinblick auf die Teilefamilienbildung von Fertigungsinseln. Ein wesentliches Gestaltungsmerkmal von Fertigungsinseln - nämlich die Planung der arbeitsorganisatorischen Komponente - wird dagegen auf die Beantwortung genereller Fragen zu diesem Thema reduziert.

In /16/ wird ein "mögliches Vorgehen" für die Konzeption und Einführung von Fertigungsinseln im Bereich der Teilefertigung zunächst auf der Ebene der Grobplanung vorgestellt. Anschließend folgen "praktische Gesichtspunkte" zur Planung von Fertigungsinseln stichwortartig in Form von Checklisten, die durch Leitlinien und Hinweise detailliert und ergänzt werden.
Auf eine Interaktion zwischen technischen und organisatorischen Planungsgrößen, z.B. unter der Zielsetzung der Bildung persönlichkeitsförderlicher Arbeitsinhalte, wird auch hier nicht eingegangen.

Schon frühzeitig wurde über personelle Auswirkungen im Zusammenhang mit der Gruppentechnologie vor allem aus dem europäischen Ausland berichtet (vgl. hierzu u.a. /48, 49, 50, 51, 52/). In diesen Arbeiten wird dem Prinzip der Gruppentechnologie und den darauf aufbauenden Fertigungsstrukturen eine sehr gute Ausgangsbasis zur Einführung von Arbeitsstrukturierungsmaßnahmen zugeschrieben. Sozialwissenschaftliche Erhebungen zeigen dann auch für diese Arbeitsstrukturen eine erhöhte Arbeitszufriedenheit im Vergleich mit herkömmlichen Strukturen (vgl. hierzu besonders /49/).

Im Bereich des Gießereiwesens sind auf dem Gebiet der Gruppentechnologie mehrere Anwendungsfälle vor allem im Hinblick auf die Nutzung gruppentechnologischer Erkenntnisse für den indirekt produktiven Bereich bekannt geworden. Die Klassifizierung des Gußstückspektrums diente hier hauptsächlich zur Effizienzsteigerung auf der Basis von Ähnlichkeitsbetrachtungen für Konstruktion, Planung, Kalkulation und Formenbau bzw. zur Ausschußreduzierung im Bereich der Qualitätssicherung (vgl. hierzu u.a. /53, 54, 55, 56, 57. 58, 59/).

Auf die Anwendung der Gruppentechnologie für den direkt produktiven Bereich wird in /60/ eingegangen. Hier wurde der Putzereibereich einer Gießerei nach gruppentechnologischen Gesichtspunkten neu strukturiert. Aspekte der Arbeitsstrukturierung blieben dabei unberücksichtigt.

Bisher bekannt gewordene Forschungsschwerpunkte für die Humanisierung im Gießereisektor lagen zunächst in der Entwicklung und Erprobung menschengerechter Technologien. Hierbei waren zwei Entwicklungsrichtungen erkennbar. Zum einen wurden Technologien entwickelt und erprobt, die eine deutliche Reduzierung von Emissionen aufwiesen oder aufgrund konstruktiver Lösungen eine wesentlich bessere Schadstoffentsorgung zuließen (vgl. hierzu u.a. /61, 62, 63, 64, 65, 66/).
Zum anderen liefen starke Bemühungen, unter Beibehaltung der Basis-Technologien, den Automatisierungsgrad gießereitechnischer Einrichtungen deutlich zu erhöhen, um damit die physischen Belastungen bzw. die Unfallgefahren merklich zu reduzieren (vgl. hierzu u.a. /67, 68, 69, 70/).

Auf die damit z.T. verbundenen nachteiligen Einflüsse bezüglich der nunmehr entstandenen Arbeitsinhalte wird in /71/ eingegangen. Die vielfältigen gießereispezifischen Anforderungen und ein aufwendiger Kapitaleinsatz verhinderten z.T. die Anwendung dieser neu entwickelten Technologien auf breiter Basis (vgl. hierzu auch /72/).
Vor allem im personalintensiven und fluktuationsgefährdeten Putzereibereich erbrachten diese Bemühungen um eine deutliche Erhöhung des Automatisierungsgrades aufgrund der hohen Anzahl von Typen und Varianten nicht den gewünschten Erfolg . Hinzu kam erschwerend ein allgemeiner Trend zu kleineren Losgrößen. Damit wird eine deutliche Reduzierung der körperlichen Belastungen, gerade in klein- und mittelständischen Betrieben, allein durch technische Maßnahmen auch in absehbarer Zukunft in Frage gestellt bleiben.

Verstärkte Ansätze für Neue Arbeitsstrukturen im Gießereiwesen, die allerdings auf das Planungsstadium beschränkt blieben, über technisch-organisatorische Gesamtlösungen - unter Einbeziehung aller direkt-produktiven Gießereibereiche - einen deutlichen Beitrag zur Effizienzsteigerung und menschengerechten Arbeitsinhalten zu leisten, finden sich in /28, 29, 73/.

In /74/ wird ein Konzept für die "Schaffung autonomer Produktionseinheiten zur Rationalisierung der Gußstücknachbehandlung" beschrieben. Auch hier finden sich nur theoretische Erörterungen über qualitative Verbesserungen der Arbeits- und Fertigungsbedingungen, da dieses Konzept bislang nicht realisiert wurde (vgl. hierzu auch /75/).

Ein realisiertes Konzept zur menschengerechten Arbeitsgestaltung wird in /76/ vorgestellt. Hier wurden in einer Eisengießerei, zwar ebenfalls nur beschränkt auf Teilbereiche der Gießerei, ergonomische Maßnahmen in Verbindung mit einer teilweisen Neugestaltung von Arbeitsinhalten vorgenommen. Quantifizierte Beurteilungen über die veränderte Arbeitssituation im Hinblick auf arbeitsphysiologische und arbeitspsychologische Aspekte wurden aber auch hier nicht gemacht.

Auf arbeitsorganisatorische Maßnahmen zur Effektivitätssteigerung von Fertigungsprozessen in Gießereien wird in /77/ eingegangen.
Das methodische Vorgehen zur Veränderung der Arbeitsorganisation beschränkt sich dabei lediglich auf korrektive Einzelmaßnahmen zur Rationalisierung bestimmter Tätigkeitsgruppen, wie z.B. "Beladen von Herdwagen in Form von Beladerichtlinien".

Eine durchgängige Planungssystematik zur Konzipierung von Fertigungsinseln im Gießereiwesen auf Arbeitssystemebene und, darauf aufbauend, die Realisierung und Erprobung einer Fertigungsinsel unter Praxisbedingungen sowie deren quantitative Bewertung im Hinblick auf arbeitswissenschaftliche und ökonomische Kriterien existiert nach Kenntnis des Verfassers nicht.

2.4 Zielsetzung und Vorgehensweise

Ziel der vorliegenden Arbeit ist es, einen Weg zur Planung und Bewertung Neuer Arbeitsstrukturen aufzuzeigen. Dies wird am Beispiel der Fertigungsinsel in Nichteisen-Metallgießereien für die Gießverfahren Druck- und Kokillenguß dargestellt.
Damit soll zum einen ein konzeptiver Beitrag zur menschengerechteren Arbeitssystemplanung für den direkt produktiven Bereich der Fertigung geleistet werden. Zum anderen sollen bestehende Rationalisierungspotentiale auf dem Gebiet der industriellen Organisation planerisch näher erschlossen und dadurch für das Unternehmen besser nutzbar gemacht werden.

Um dieses Ziel zu erreichen ist es notwendig, Wesen und Intentionen Neuer Arbeitsstrukturen anhand signifikanter Merkmale zu beschreiben und die charakteristischen Unterschiede gegenüber konventionellen Arbeitsstrukturen einschließlich der sich hieraus ergebenden Konsequenzen für den Planungsprozeß deutlich zu machen. Ergänzend zu dieser vorwiegend anhand arbeitsorganisatorischer Gesichtspunkte durchgeführten Charakterisierung Neuer Arbeitsstrukturen wird der äußerst komplexe Gegenstandsbereich der Organisation industrieller Arbeit - zunächst noch ohne direkten gießereispezifischen Bezug - nach prozeßorganisatorischen Gesichtspunkten auf gängige Organisationstypen der Fertigung zurückgeführt, um damit eine klare inhaltliche Abgrenzung des Organisationstyps "Fertigungsinsel" zu anderen Formen der Fertigungsorganisation zu ermöglichen.

Nach dieser begrifflichen Abgrenzung werden die unterschiedliche Bedeutung und die Einsatzfelder der oben angesprochenen Organisationstypen bezogen auf das Gießereiwesen kurz erörtert. Die gegenwärtige konventionelle Organisationspraxis in Nichteisen-Metallgießereien wird am Beispiel der Werkstattfertigung eingehend analysiert und dem innovativen Organisationskonzept der Fertigungsinsel gegenübergestellt.

Nach erfolgter Abgrenzung des Gegenstandsbereiches und der Konkretisierung wesentlicher Problem- und Zielfelder wird unter Bezugnahme auf Verfahren und Methoden aus dem Bereich der Arbeits- und Ingenieurwissenschaften eine gestufte Vorgehensweise zur integrierten Arbeitssystemplanung (Technik und Organisation) von Fertigungsinseln entwickelt und erstmals auf den Gegenstandsbereich der Gießerei übertragen.

Vor allem im ingenieurwissenschaftlichen Bereich ist es dazu notwendig, Weiterentwicklungen und Modifizierungen von Methoden und Verfahren im Hinblick auf gießereispezifische Verhältnisse vorzunehmen.

Für die arbeitswissenschaftliche Beurteilung von Fertigungsinseln, als eine idealtypische Erscheinungsform Neuer Arbeitsstrukturen, können sowohl die vorgefundenen Belastungs- und Beanspruchungssituationen als auch die Struktur der installierten Arbeitsinhalte als entscheidende Indikatoren angesehen werden /78/.
Zu deren Quantifizierung werden daher im Hinblick auf bestimmte Gestaltungsdimensionen menschlicher Arbeit wie "Ausführbarkeit", "Erträglichkeit" und "Persönlichkeitsförderlichkeit" arbeitswissenschaftliche Verfahren eingesetzt bzw. kurz beschrieben.
Aussagen zur quantitativen Bewertung einzelner Aspekte der Wirtschaftlichkeit von Fertigungsinseln werden über entsprechende Zeit- und Leistungsdaten mit Hilfe eines Verfahrens zur interaktiven Simulation erbracht.

Die Anwendbarkeit von Methoden und Verfahren einschließlich der erzielten Ergebnisse wird anhand einer konkreten Umplanung in einer Gießerei beschrieben.

3 CHARAKTERISIERUNG UND BEURTEILUNG UNTERSCHIEDLICHER ORGANISATIONSFORMEN DER FERTIGUNG

Die Planung Neuer Arbeitsstrukturen - und hier speziell die Planung einer Fertigungsinsel stellt eine sehr komplexe Aufgabenstellung dar und erfordert als Voraussetzung für ein zielgerichtetes, planerisches Handeln zunächst einmal genauere Kenntnisse über den generellen Aufbau und die Struktur des Planungsgegenstandes.
Im Rahmen dieser Arbeit wird daher der erforderliche Kenntnisstand im Vorfeld zur eigentlichen Planung in mehreren Schritten kurz dargelegt.

Ausgehend von den bisher vorliegenden Erkenntnissen und Erfahrungen mit Neuen Arbeitsstrukturen aus den Bereichen Teilefertigung und Montage werden das Wesen und die Intention Neuer Arbeitsstrukturen im Vergleich zu konventionellen Arbeitsstrukturen aufgezeigt, um hieraus Planungsschwerpunkte und eine inhaltliche Ausrichtung für die Arbeitssystemplanung abzuleiten.

Da sich Neue Arbeitsstrukturen vor allem auf die gezielten arbeitsorganisatorischen Veränderungen im Bereich der Aufbau- und Ablauforganisation stützen, ist es für die weitere Eingrenzung und Bearbeitung dieser Thematik zweckmäßig, die komplexe Organisation industrieller Arbeit nach planerischen Gesichtspunkten in eine "Organisation der Arbeit für den Menschen $\triangleq$ Arbeitsorganisation" und in eine "Organisation der Arbeit für Betriebsmittel $\triangleq$ Prozeßorganisation" aufzuteilen (vgl. u.a. /79/).

Prozeß- und Arbeitsorganisation bestehen ihrerseits aus einer aufbau- und einer ablauforganisatorischen Komponente.

Unter Aufbauorganisation soll dabei die hierarchische Gliederung in sogenannte Organisationseinheiten unterschiedlichen Umfangs verstanden werden, wie z.B. Abteilung, Meisterbereich, Arbeitsgruppe.
Die Ablauforganisation wird als raum-zeitliche Regelung verstanden, bei der festgelegt wird:

- wo Tätigkeiten durchgeführt werden
- wann Tätigkeiten durchgeführt werden
- in welcher räumlichen Folge und
- in welcher zeitlichen Folge Tätigkeiten

durchgeführt werden /80/. Der nachfolgende Vergleich zwischen konventionellen und Neuen Arbeitsstrukturen erfolgt daher schwerpunktmäßig unter arbeitsorganisatorischen Aspekten.

3.1 Wesen und Intention Neuer Arbeitsstrukturen im Vergleich zu konventionellen Arbeitsstrukturen

Einer der wesentlichsten Unterschiede zu konventionellen Arbeitsstrukturen liegt bei Neuen Arbeitsstrukturen in der Zielsetzung, unter der die Arbeitsorganisation geplant, umgesetzt und betrieben wird (vgl. hierzu u.a. /15, 34, 35, 81/).

Konventionelle Arbeitsstrukturen gehen maßgeblich auf F.W. Taylor (1856 - 1915) /82/ zurück.

Als Bestandteil weitverbreiteter Denkstrukturen führten die "Grundsätze zur wissenschaftlichen Betriebsführung", die im wesentlichen mit Arbeitsteilung, Arbeitsvereinfachung und Arbeitsvorgabe gekennzeichnet werden können, zum einen zu der strikten Trennung zwischen indirekt und direkt produktiven Bereichen und innerhalb dieser Bereiche wiederum zu einer starken Zentralisierung von Planung, Steuerung und Kontrolle einerseits und Arbeitsausführung andererseits.

Angesichts der rasant fortschreitenden Entwicklung der Produktionstechnik und der sprunghaft gestiegenen Ansprüche der Mitarbeiter an ihre Arbeitswelt, trafen diese tayloristischen Grundsätze nunmehr auf veränderte Rahmenbedingungen und riefen in diesen als "konventionell" einzustufenden Arbeitsstrukturen zahlreiche organisatorische und personelle Mängel hervor (Bild 2) (vgl. hierzu u.a. /43/).

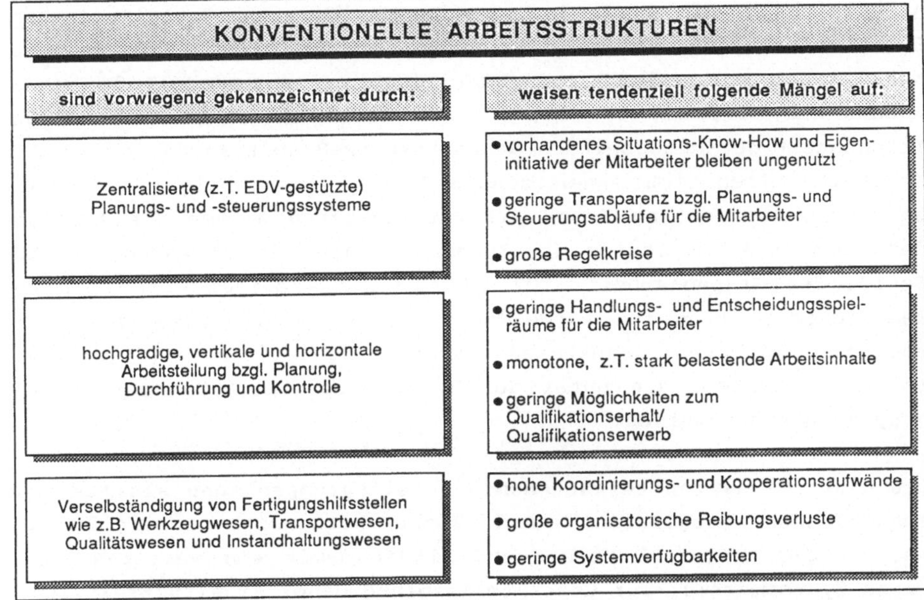

Bild 2: Merkmale und tendenzielle Mängel konventioneller Arbeitsstrukturen aus arbeitsorganisatorischer Sicht

Besonders durch die Gestaltungsdefizite im humanitären Bereich, verbunden mit zu geringer Produktionsflexibilität, war damit die Abkehr vom traditionellen Taylorismus eingeleitet. Diese Entwicklung führte in organisatorischer und personeller Hinsicht zu Neuen Arbeitsstrukturen, die vorwiegend auf den Erkenntnissen der unterschiedlichen Motivationstheorien aufbauten und aus denen zahlreiche Hinweise für die Gestaltung menschlicher Arbeit und Zusammenarbeit abgeleitet werden konnten.

Vor allem die theoretischen Denkmodelle der Motivationsforschung von Maslow, Mc. Gregor und Herzberg /83, 84, 85/ und ihre teilweise empirische Absicherung durch die betriebliche Praxis bildeten eine (mögliche) Erklärungsgrundlage für das menschliche Verhalten der Mitarbeiter im Unternehmen.

Damit wurden diese Theorien zum Auslöser für eine motivationspsychologisch begründete Neu- bzw. Umgestaltung menschlicher Arbeit im Sinne von menschengerechteren Arbeitsinhalten und einer verbesserten Arbeitsumwelt (vgl. u.a. /86/). Schon frühzeitig wurde der

Arbeitsinhalt zur zentralen Schlüsselgröße von Gestaltungs- und Strukturierungsmaßnahmen, die unter den Begriffen "Job enlargement", "Job enrichment" und "Job rotation" zusammengefaßt werden können /15, 87, 88, 89, 90, 91/ und nach /85/ maßgeblich zur Zufriedenheit der Mitarbeiter im Arbeitsprozeß beitragen.
Ebenfalls einen richtungsweisenden Einfluß im Hinblick auf die inhaltliche Ausrichtung Neuer Arbeitsstrukturen hatten die Arbeiten des Tavistock-Institutes in Zusammenarbeit mit Thorsrud auf dem Gebiet der Gruppenarbeit /92/. Mit diesen Arbeiten wurde ein wesentlicher Beitrag zur Aufweichung starrer hierarchischer Organisations- und Befehlsstrukturen hin zu kooperativen Organisationsformen geleistet, die unter der Bezeichnung teilautonome Arbeitsgruppen bekannt wurden.

Die Einrichtung von teilautonomen Arbeitsgruppen kann als Ausdruck menschlichen Kooperations- und Kommunikationsinteresses im Arbeitsprozeß aufgefaßt werden und bildet damit ein weiteres wichtiges Systemmerkmal zur Charakterisierung Neuer Arbeitsstrukturen.

Die planerische Umsetzung menschengerechter Arbeitsinhalte und kooperativer Beziehungsstrukturen in dezentralen Verantwortungsbereichen, deren Ergebnis sich in Neuen Arbeitsstrukturen widerspiegelt, erfordert nicht nur eine integrierte Betrachtungsweise von Mensch und Technik im Planungsprozeß, z.B. in Form eines dual aufgebauten Ziel- und Bewertungssystems, sondern innerhalb bestimmter Grenzen auch die getrennte Optimierung von Prozeß- und Arbeitsorganisation gemäß der vereinbarten Zielvorstellungen.
Eine planerische Grundvoraussetzung für die Einführung Neuer Arbeitsstrukturen ist damit die zeitliche und räumliche Loslösung menschlicher Arbeitshandlungen von technischen Abläufen, d.h. die weitgehende Aufhebung von Takt- und Platzgebundenheit des Menschen während des Produktionsprozesses durch geeignete technische und organisatorische Entkopplungsmaßnahmen.
Diese weitgehende Entkopplung des Menschen von der Technik bildet damit zugleich Grundvoraussetzung und Systemmerkmal für Neue Arbeitsstrukturen.

Bild 3 zeigt zusammenfassend die wesentlichen Schlüsselgrößen und ihre signifikanten Merkmale sowie deren tendenzielle Vor- und Nachteile bei Neuen Arbeitsstrukturen.

NEUE ARBEITSSTRUKTUREN			
CHARAKTERISIERUNG		QUALITATIVE BEURTEILUNG	
Schlüsselgrößen	Signifikante Merkmale	Tendenzielle Vorteile	Tendenzielle Nachteile
Arbeitsinhalt	• Geringe vertikale und horizontale Arbeitsteilung: - Bündelung von planenden, steuernden, ausführenden, administrativen und kontrollierenden Funktionen zu ganzheitlichen Arbeitsinhalten - große zeitliche Arbeitumfänge - Reduzierung von psychophysischen Über- und Unterforderungen	• Erhöhung des Selbstwertgefühls für den Mitarbeiter • Größere Identifikation mit der Arbeit • Bessere Nutzung von vorhandenem Know-How • Frühzeitige Fehlererkennung durch schnelle Rückkopplung bzgl. des Arbeitsergebnisses • Reduzierung von Ausschuß und Nacharbeit • Geringerer Taktausgleich • Reduzierung einseitiger Belastungen • Vergrößerung der Produktionsflexibilität	• Höhere Anlernkosten • Höhere Lohnkosten • Höhere Investitionskosten pro Arbeitsplatz
Teilautonome Gruppen	• Arbeiten im Team - personelle Integration unterschiedlicher Qualifikationen (Instandhalter, Disponenten usw.) - Reduzierung der Hierarchiestufen - kooperativer Führungsstil - kooperative Entlohnungsform • Hoher Autonomiegrad - Kongruenz von Aufgaben, Kompetenz und Verantwortung - Erhöhung von Interaktionsspielräumen	• Integration in eine Gemeinschaft • Förderung des Verständnisses für die Arbeit der Kollegen • Förderung des Teamgeistes • Bildung einer Stammannschaft	• Höherer Aufwand bei der Personaleinsatzplanung • Festgelegte Gruppennormen verhindern Abweichungen in der Leistung nach "oben" • Gruppe stellt ein höheres Macht- und Durchsetzungspotential bei betrieblichen Entscheidungsprozessen dar
Entkopplung Mensch / Technik	• Hoher Entkopplungsgrad des Menschen vom eigentlichen Produktionsprozeß - räumliche Entkopplung (Wegfall / Reduzierung der Platzgebundenheit) - zeitliche Entkopplung (Wegfall / Reduzierung der Taktgebundenheit)	• Ausgleich von: - Leistungsschwankungen - Leistungsunterschieden • Freie Disposition der: - persönlichen Verteilzeit - Erholungspausen • Senkung von Stillstandskosten, die anfallen durch: - Losgrößenänderung - typenbedingte Vorgabezeitunterschiede - typenbedingte Umrüstzeitunterschiede - unterschiedliche Ausbringverhalten	• Erhöhter Investitions- und Planungsaufwand • Erhöhter Platzbedarf • Erhöhter Umlaufbestand • Erhöhte Durchlaufzeiten

Bild 3: Charakterisierung und Beurteilung Neuer Arbeitsstrukturen aus arbeitsorganisatorischer Sicht

Bild 3 verdeutlicht, daß Neue Arbeitsstrukturen weder an eine bestimmte Branche, noch an einen bestimmten Organisationstyp der Fertigung gebunden sind. Es handelt sich hierbei vielmehr um ein verändertes Verständnis über die Rolle des Menschen im Arbeitsprozeß, bei dem der Mensch schon zu Beginn der Planung von Arbeitssystemen einen zumindest gleichberechtigten Part gegenüber der Technik bei allen Planungsüberlegungen einnehmen sollte.

Aber je nach Branche oder Organisationstyp werden unterschiedliche Rahmenbedingungen für die Prozeß- und Arbeitsorganisation festgeschrieben, die die Einführung und planerische Umsetzung des Gedankengutes von Neuen Arbeitsstrukturen im Unternehmen begünstigen oder erschweren können.

An dieser Stelle soll daher näher auf den Zusammenhang von Neuen Arbeitsstrukturen als allgemeinem Sammelbegriff für eine personalorientierte Planung und Auslegung von Arbeitssystemen und dem speziellen Begriff der Fertigungsinsel eingegangen werden.

Dazu ist es notwendig, die Definition der Fertigungsinsel im Hinblick auf ihre Aussagen zur Prozeß- und vor allem zur Arbeitsorganisation näher zu analysieren und sie den charakteristischen Merkmalen Neuer Arbeitsstrukturen aus Bild 3 gegenüberzustellen.

Im Vorgriff auf Kapitel 3.2 werden in diesem Zusammenhang zur Prozeßorganisation folgende Aussagen gemacht:

"Die Fertigungsinsel hat die Aufgabe, innerhalb des Gesamtsystems der Fertigung, Produkte oder Produktteile vom Ausgangsmaterial ausgehend möglichst vollständig zu fertigen. Die notwendigen Betriebsmittel sind räumlich in der Fertigungsinsel nach dem Objektprinzip konzentriert" /16/.

Zur Arbeitsorganisation werden folgende Rahmenbedingungen festgeschrieben:

"Das Organisationskonzept der in der Fertigungsinsel beschäftigten Gruppe kann durch folgende Kriterien beschrieben werden:

- Eine zu starre Arbeitsteilung wird zugunsten der Erweiterung der Dispositionsspielräume des einzelnen verändert.
- Eine weitgehende Selbststeuerung der Arbeits- und Kooperationsprozesse wird der Gruppe zugeordnet; diese kann auch Planungs-, Entscheidungs- und Kontrollfunktionen innerhalb vorgegebener Rahmenbedingungen beinhalten". /16/

Vergleicht man diese Aussagen zur Arbeitsorganisation mit den in Bild 3 dargestellten Schlüsselgrößen Neuer Arbeitsstrukturen und berücksichtigt darüber hinaus die günstigen Voraussetzungen, die die objektorientierte Prozeßorganisation unter der Maßgabe einer "Komplettbearbeitung" für Arbeitsstrukturierungsmaßnahmen bieten, so kann die Fertigungsinsel als eine <u>idealtypische Erscheinungsform</u> Neuer Arbeitsstrukturen bezeichnet werden.

Nach dieser Feststellung soll im nachfolgenden Kapitel die prozeßorganisatorische Abgrenzung der Fertigungsinsel zu anderen Organisationstypen der Fertigung näher untersucht werden. Gleichzeitig wird in diesem Zusammenhang auf die unterschiedliche Bedeutung der einzelnen Organisationstypen im Gießereiwesen hingewiesen und damit der gießereispezifische Bezug zu den allgemeinen Organisationstypen der Fertigung hergestellt.

3.2 Prozeßorganisatorische Abgrenzung unterschiedlicher Organisationstypen der Fertigung

Als Organisationstypen der Fertigung werden allgemein die Formen der räumlichen und der zeitlichen Zusammenfassung von Betriebsmitteln und Arbeitskräften zu organisatorischen Einheiten im Produktionsprozeß bezeichnet /25/.

Die inhaltliche Abgrenzung der einzelnen Organisationstypen basiert dabei auf sogenannten Organisationsprinzipien wie dem

- Platzprinzip
- Verrichtungsprinzip
- Fließ- oder Objektprinzip und
- Gruppenprinzip,

denen zusätzliche Ordnungskriterien zur weiteren Differenzierung bzgl. ihrer Ausführungsformen nachgeschaltet werden.
Die in Bild 4 vorwiegend unter prozeßorganisatorischen Gesichtspunkten vorgenommene Einteilung praxisrelevanter Organisationstypen der Fertigung, beruht neben den oben angesprochenen Organisationsprinzipien auf folgenden zusätzlichen Ordnungskriterien (vgl. hierzu auch /16/):

- Ort der Bearbeitung
- Spezifikation der Betriebsmittel
- Struktur des Fertigungsablaufes
- zeitliche Verkettung der Bearbeitungsstationen
- technische Verkettung der Bearbeitungsstationen

Wie aus Bild 4 unmittelbar hervorgeht, besteht bzgl. der Prozeßorganisation zwischen der "gruppentechnologischen Fertigungszelle" und der "Fertigungsinsel" keinerlei Unterschied.

GLIEDERUNGS-MERKMALE		Platz-Prinzip: Punktfertigung	Platz-Prinzip: Baustellenfertigung	Verrichtungs-Prinzip: Werkstattfertigung	Fließ- oder Objekt-Prinzip: Reihenfertigung	Fließ- oder Objekt-Prinzip: Flexibles Fertigungssystem	Fließ- oder Objekt-Prinzip: Transferstraße	Gruppen-Prinzip: Gruppentechnologische Fertigungszelle	Gruppen-Prinzip: Fertigungsinsel
Ort der Bearbeitung	Werkstück bleibt während vollständiger Bearbeitung ortsfest	●	●						
	Werkstück wird zur vollständigen Bearbeitung von einer Bearbeitungsstation zur anderen bewegt			●	●	●	●	●	●
Spezifikation der Bearbeitungsstationen	Werkstücke werden an nur einer Bearbeitungsstation vollständig bearbeitet	●							
	Bearbeitungsmittel werden ans ortsfeste Werkstück herangebracht		●						
	Bearbeitungsstationen sind nach dem Merkmal gleicher Verrichtungen zusammengefaßt			●					
	Bearbeitungsstationen sind nach dem Merkmal gleicher zubearbeitender Objekte zusammengefaßt				●	●	●	●	●
Struktur des Fertigungsablaufs	Unterschiedliche Arbeitsvorgangsfolgen sind zugelassen	●	●			●		●	●
	Nur gleiche Arbeitsvorgangsfolgen sind zugelassen			●	●		●		
Zeitliche Verkettung	Arbeitsfortschritt zeitlich gebunden						●		
	Arbeitsfortschritt ohne unmittelbare zeitliche Bindung	●	●	●	●	●		●	●
Technische Verkettung	Keinerlei Verkettungseinrichtungen	●	●	●	●			●	●
	Verkettung der Bearbeitungsstationen zu automatisiertem Gesamtsystem					●	●		
Integration von Umfeldaufgaben	Keine Integration disponierender und kontrollierender Aufgaben	●	●	●	●	●	●	●	
	Integration disponierender und kontrollierender Aufgaben innerhalb der Arbeitsgruppe								●

Bild 4: Prozeßorganisatorische Abgrenzung praxisrelevanter Organisationstypen

Aus diesem Zusammenhang leitete Ahlmann eine vereinfachte "Formel" zur Definition der Fertigungsinsel ab /43/:

Fertigungsinsel = Fertigungszelle + Selbststeuerung,

wobei Ahlmann unter Selbststeuerung "nicht nur die Übernahme von Tätigkeiten der kurzfristigen Fertigungssteuerung, sondern das Schaffen einer insgesamt weitgehend autonomen Gruppe" verstand /43/.

Außer den in Bild 4 dargestellten Grundtypen organisatorischer Einheiten im Produktionsprozeß sind in der betrieblichen Praxis zahlreiche Übergangs- und Mischformen entstanden, wie z.B. das "modifizierte Verrichtungsprinzip", das als eine Kombination von Werkstattfertigung und Reihenfertigung bezeichnet werden kann.

Für das gesamte Gießereiwesen ist - ähnlich wie im zerspanenden Bereich - eine dominierende Stellung der Werkstattfertigung nach dem Verrichtungsprinzip festzustellen.

So hatten sich beispielsweise 90 % aller an der schon erwähnten Umfrage des Verfassers beteiligten Gießereien in der Bundesrepublik Deutschland - unabhängig von den eingesetzten Gießverfahren und der Betriebsgröße - für eine verrichtungsorientierte Anordnung der Betriebsmittel entschieden /27/.
Dies führte im direkt produktiven Bereich der Gießereien zu der klassischen Aufteilung in Werkstätten, die unter den Bezeichnungen "Schmelzerei", "Kernmacherei", "Formerei", "Putzerei" usw. bekannt geworden sind.

Folglich ist die Bedeutung der übrigen Organisationstypen im Gießereiwesen entsprechend geringer. So findet beispielsweise das Prinzip der Baustellenfertigung im Handformbereich zur Herstellung sehr großer Einzelgußstücke nach dem Sandgußverfahren Anwendung.

Mit zunehmender Automatisierung wurde innerhalb der oben angesprochenen Werkstätten das Fließprinzip angewendet.
Transferstraßenähnlichen Charakter haben beispielsweise im Maschinenformbereich hoch automatisierte Formanlagen, bei denen die Arbeitsfolgen "Formen", "Kern einlegen", "Zulegen", "Trichter bohren", "Kühlen" und "Ausleeren" einschließlich "Strahlen" starr verkettet und größtenteils vollautomatisch ablaufen.

Sehr vereinzelt wurde für den Putzereibereich mit nachfolgender Weiterbearbeitung das Prinzip der gruppentechnologischen Fertigungszelle (Group Technology Cell) installiert.
Einsatzfälle für das Konzept der Fertigungsinsel als integrierte Verantwortungsbereiche sind dagegen bisher für das Gießereiwesen, außer dem in Kap. 6 beschriebenen Fall der Umplanung, nicht bekannt geworden.
In Bild 5 sind typische Ausführungsformen im Gießereibereich und die dazugehörigen Organisationstypen zusammengefaßt dargestellt.

Gliederungskriterien	Organisationstyp	Ausführungsformen im Gießereibereich
Verrichtungsorientierte Aufteilung des Produktionsbereiches	Werkstattfertigung	z.B Schmelzerei, Kernmacherei
Platzorientierte Aufteilung des Produktionsbereiches	Baustellenfertigung	z.B Handformerei für Einzelfertigung von Großteilen
Fertigungsablauforientierte Aufteilung des Produktionsbereiches	Fließfertigung	z.B. Formanlage, Kokillen-Gießkarussell,
Teilefamilienorientierte Aufteilung des Produktionsbereiches	Gruppentechnologische Fertigungszelle	z.B. Integrierter Putzerei- und Weiterbearbeitungsbereich
Auftragsorientierte Aufteilung des Produktionsbereiches	Fertigungsinsel	—

Bild 5: Ausführungsformen unterschiedlicher Organisationstypen im Gießereibereich

Um den gießereispezifischen Bezug entsprechend der Themenstellung dieser Arbeit weiter herauszustellen und im Hinblick auf den in den Kapiteln 4 und 5 beschriebenen Planungsprozeß, ist es notwendig:

- den gegenwärtigen Ausgangszustand im Gießereiwesen anhand der dominierenden Stellung der Werkstattfertigung näher zu beschreiben
- den zu planenden Soll-Zustand der Fertigungsinsel gießereibezogen darzustellen und
- beide Systemzustände unmittelbar miteinander zu vergleichen.

3.3 Darstellung spezieller Formen der Fertigungsorganisation im Gießereiwesen

Ausgehend von den Begriffen Prozeß- und Arbeitsorganisation werden sowohl im Hinblick auf den Planungsprozeß als auch für die nachfolgende Beschreibung spezieller Organisationstypen im Gießereiwesen die Begriffe "prozeßtechnische Systemkomponente" und "arbeitsorganisatorische Systemkomponente" in dieser Arbeit eingeführt. Damit wird vor allem der stärkeren Einbindung technischer Sachverhalte im Bereich der Prozeßorganisation besser Rechnung getragen. Mit Hilfe dieser beiden Systemkomponenten kann ein Arbeitssystem vollständig beschrieben werden.

3.3.1 Werkstattfertigung

Zentrales Merkmal zur Planung und Auslegung der prozeßtechnischen Systemkomponente bildet bei diesem Organisationstyp die verfahrensorientierte Aufsplittung des Herstellungsprozesses für das gesamte Gußstückspektrum in zeitlich und räumlich voneinander getrennte Arbeitsgänge wie z.B. Schmelzen, Kernmachen, Gießen und Putzen.
Basierend auf dieser Unterteilung im Fertigungsablauf, wird eine Zusammenfassung verfahrensgleicher bzw. verfahrensähnlicher Betriebsmittel wie z.B. Schmelzöfen, Kernschießmaschinen, Putzereimaschinen zu organisatorisch selbständigen Fertigungseinheiten wie z.B. Schmelzerei, Kernmacherei, Kokillengießerei, Putzerei vorgenommen und in ein Layout umgesetzt.

Sowohl die technologische als auch die kapazitive Auslegung dieser organisatorischen Fertigungseinheiten, auch Werkstätten genannt, richten sich nach den mengenmäßigen und konstruktiven Anforderungen, die aus dem Herstellungsprozeß für das gesamte Gußstückspektrum resultieren.

Durch diese verrichtungsorientierte Aufgliederung des Produktionsablaufes entstehen zahlreiche technische und organisatorische Schnittstellen, was nicht nur zu einem Anwachsen von Durchlaufzeiten und Beständen führt, sondern in verstärktem Maße die Produktionsflexibilität und die Termintreue negativ beeinflußt.

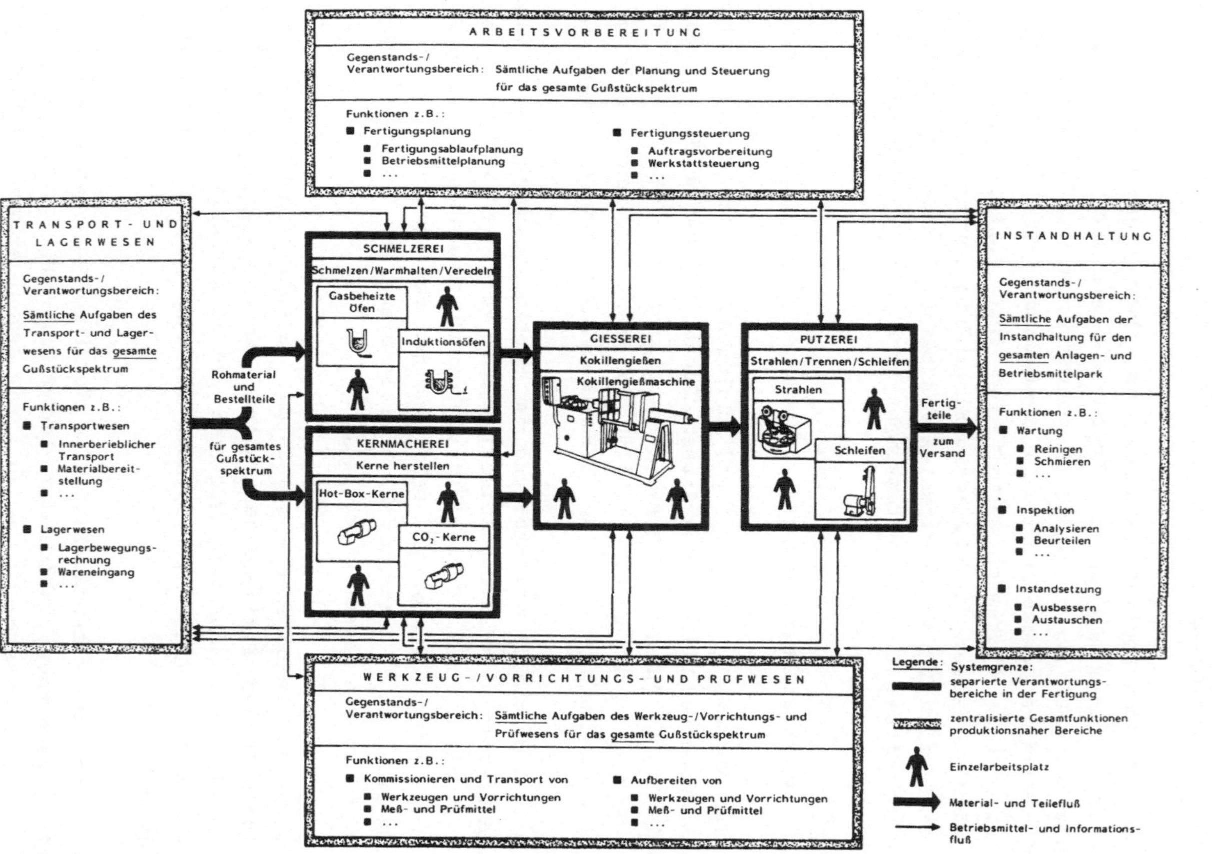

Bild 6:
Darstellung des konventionellen Organisationstyps der Werkstattfertigung im Gießereiwesen

Arbeitsorganisatorisch bestehen bzgl. der Abwicklung von Werkstattaufträgen innerhalb der Ablauforganisation zu den benachbarten Fertigungshilfsstellen, wie z.B. Werkzeug- , Vorrichtungs- und Prüfwesen bzw. Transport- und Lagerwesen, zahlreiche Abhängigkeiten materialflußtechnischer und informationstechnischer Art.

Bild 6 zeigt die wesentlichen prozeßtechnischen und arbeitsorganisatorischen Merkmale der Werkstattfertigung im Gießereiwesen.

Bezogen auf die Funktionen Fertigungsplanung und Fertigungssteuerung kann im allgemeinen eine starke Fremdbestimmung dieser Werkstätten aufgrund einer verfahrens- und arbeitsvorgangsorientierten Auftragsabwicklung durch die meist im Unternehmen zentral eingerichtete Arbeitsvorbereitung festgestellt werden.

Aufbauorganisatorisch bilden diese Werkstätten sogenannte Meisterbereiche mit einer ausgeprägten hierarchischen Struktur vom Meister über den Vorarbeiter und Einrichter bis hin zum Werkstattmitarbeiter.

Die Verantwortung liegt beim Meister und erstreckt sich in technischer Hinsicht vor allem auf die Qualitäts-, Termin- und Kosteneinhaltung für den jeweiligen Arbeitsvorgang bzw. das jeweilige Fertigungsverfahren.
Außerdem ist er für die Sicherstellung der Einsatzbereitschaft des ihm anvertrauten Maschinen- und Anlagenparks verantwortlich. Als Fach- und Disziplinarvorgesetzter ist er in Ausbildungsfragen und Personalangelegenheiten für das ihm unterstellte Personal zuständig.

3.3.2 Fertigungsinsel

Die fertigungstechnische Abgrenzung der Bearbeitungsaufgabe eines Arbeitssystems, das nach dem Konzept der Fertigungsinsel geplant, aufgebaut und betrieben werden soll, basiert üblicherweise auf dem Prinzip der Gruppentechnologie.
Dieses Prinzip kann sinngemäß als ein Sortierungs- und Ordnungsprozeß verstanden werden, bei dem das gesamte, zunächst noch ungeordnete Gußstückspektrum einschließlich des dazugehörigen Bearbei-

tungsprozesses nach konstruktiven und/oder fertigungstechnischen Ähnlichkeitsmerkmalen analysiert, sortiert und anhand planungsrelevanter Strukturierungskriterien wieder neu gruppiert und aufbereitet wird.

Das Ergebnis dieses Prozesses sind sogenannte Gußbearbeitungsfamilien, aus denen sich zum einen die prozeßtechnischen Anforderungen für die Systemauslegung und Dimensionierung direkt ableiten lassen. Zum anderen werden damit Rahmenbedingungen für die Planung im Bereich der Arbeitsorganisation festgeschrieben.

Diese objektorientierte Aufteilung des gesamten heterogenen Gußstückspektrums in form- und fertigungstechnisch ähnliche Gußbearbeitungsfamilien, verbunden mit der fertigungsinselspezifischen Zielsetzung einer Komplettbearbeitung in selbststeuernden autonomen Fertigungseinheiten, hat maßgebliche Auswirkungen auf Struktur und Abläufe sowohl im direkt produktiven als auch im indirekt produktiven Bereich. So werden beispielsweise große und z.T. unübersichtliche Werkstattbereiche, wie sie durch die funktionale Gliederung nach dem Verrichtungsprinzip im Laufe der Zeit immer wieder entstehen können, in kleinere, überschaubare, organisatorisch-autonome Fertigungseinheiten aufgesplittet.

Im Gegensatz zu den Organisationstypen der Werkstattfertigung und auch der gruppentechnologischen Fertigungszelle, ist beim Organisationstyp der Fertigungsinsel die arbeitsorganisatorische Systemkomponente an bestimmte Rahmenvorgaben wie z.B. die "Integration von Umfeldaufgaben in die Fertigungsinsel", bzw. das "Arbeiten in Gruppen", gebunden.
Je nach den betrieblichen Gegebenheiten sind unterschiedliche Stufen der Integration von Tätigkeitsfeldern aus dem produktionsnahen Bereich, wie z.B. der Arbeitsvorbereitung, dem Werkzeug- und Vorrichtungswesen, dem Transport- und Lagerwesen, in den direkt produktiven Bereich der Fertigungsinsel vorstellbar und auch realisierbar.
Hierdurch entstehen "integrierte Verantwortungsbereiche", mit unterschiedlichem Autonomiegrad (Bild 7).

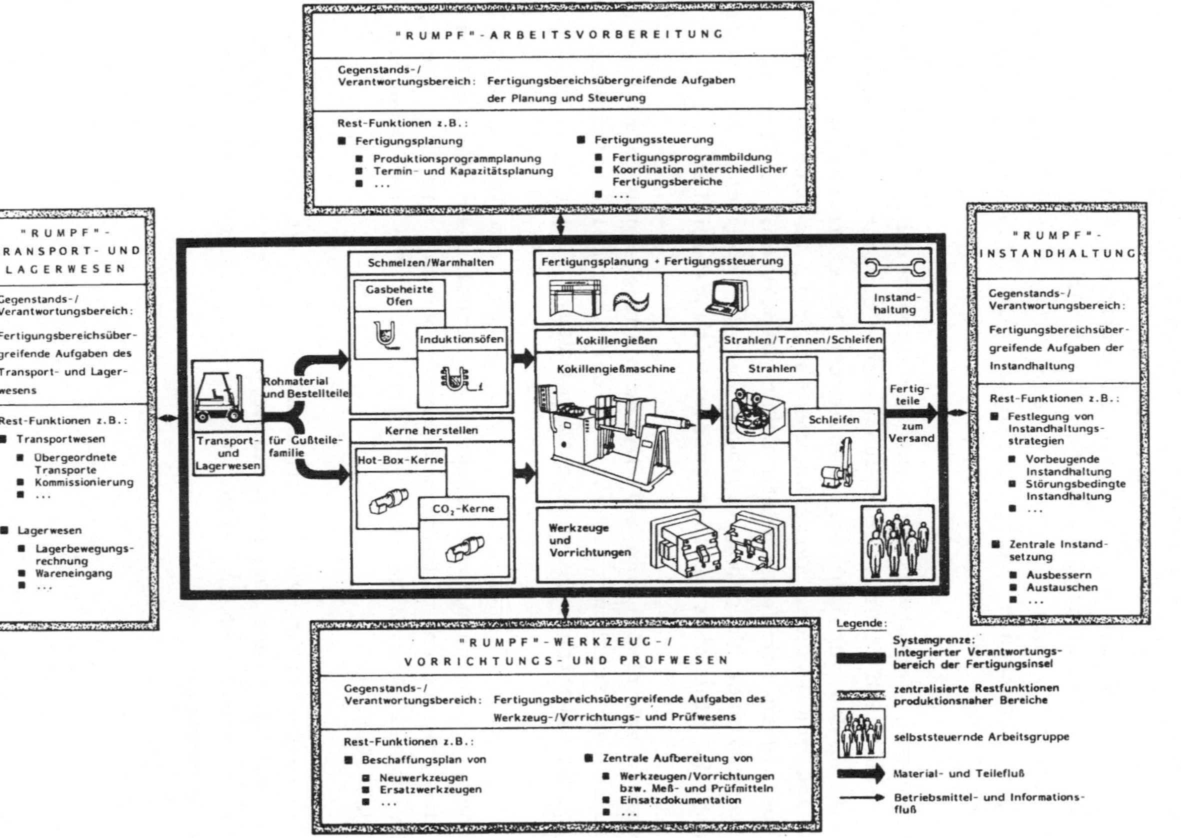

Bild 7:
Darstellung des innovativen Organisationstyps der Fertigungsinsel im Gießereiwesen

Die Bildung dieser integrierten Verantwortungsbereiche führt zum einen dazu, daß sich die Abhängigkeiten bei der Auftragsabwicklung und damit die formalisierten Abstimmungsprozesse zwischen der Fertigungsinsel und den Hilfs- und Nebenbetrieben erheblich reduzieren lassen. Zum anderen entstehen innerhalb dieser Nebenbetriebe Veränderungen im Aufgabenspektrum, die in der einschlägigen Literatur als sogenannte "Rumpf-Bereiche" wie "Rumpf-Fertigungsplanung" und "Rumpf-Werkzeugwesen" bezeichnet werden.

Der Aufgaben-, Verantwortungs- und Kompetenzbereich einer Arbeitsgruppe innerhalb dieser Fertigungsinsel bezieht sich nun nicht mehr wie in den verrichtungsorientierten Meisterbereichen auf die Einhaltung von Kosten, Terminen und Qualität, bezogen auf nur einen Arbeitsgang für das gesamte Gußstückspektrum, sondern auf die Einhaltung dieser Vorgaben, bezogen auf die komplette Auftragsabwicklung für eine oder mehrere Gußbearbeitungsfamilien.

Aufbauorganisatorisch kann auf die Ausbildung einer formalisierten hierarchischen Struktur zugunsten einer informellen Struktur innerhalb der Arbeitsgruppe verzichtet werden.

An die Mitglieder dieser Arbeitsgruppe werden zum Teil hohe Qualifikationsanforderungen vor allem im technischen Bereich, z.B. durch die Übertragung von Einrichteraufgaben auf die Arbeitsgruppe und im sozial kommunikativen Bereich, z.B. für das Arbeiten im Team, gestellt.

Bild 8 verdeutlicht zusammenfassend die wesentlichsten Unterschiede zwischen den Organisationstypen "Werkstattfertigung" und "Fertigungsinsel" anhand einer Gegenüberstellung systembeschreibender Merkmale.

	SYSTEMBESCHREIBENDE MERKMALE	TENDENZIELLE AUSPRÄGUNGEN WERKSTATTFERTIGUNG	TENDENZIELLE AUSPRÄGUNGEN FERTIGUNGSINSEL
PROZESSTECHNISCHE SYSTEMKOMPONENTE	Fertigungsaufgabe	gesamtes Gußstückspektrum: nur verfahrensgleiche Arbeitsgänge	definierte Gußstückfamilie: komplett-Bearbeitung mit unterschiedlichen Arbeitsgängen
	Betriebsmittel-Grundausstattung	arbeitsgangorientiert	produktionsablauforientiert
	Lagerung und Bereitstellung von Periphereinrichtungen	außerhalb des Systems (zentral)	innerhalb des Systems (dezentral)
	Anordnung der Betriebsmittel	verrichtungsorientiert	fertigungsablauforientiert
	Art der technischen Verkettung	lose	lose
	systembezogene Fertigungstiefe	gering: einstufig	hoch: mehrstufig
	kapazitive Systemauslegung	verfahrensorientierte Ausrichtung auf gesamtes Gußstückspektrum	fertigungsablauforientierte Ausrichtung auf bestimmte Gußstückfamilien
	Losgrößenspektrum	relativ heterogen	relativ homogen
	Produktionsflexibilität	arbeitsgangbezogen: hoch auftragsbezogen: gering	arbeitsgangbezogen: gering arbeitsauftragsbezogen: hoch
	Art der Materialbereitstellung	arbeitsgangbezogen	arbeitsprozessbezogen
ARBEITSORGANISATORISCHE SYSTEMKOMPONENTE	Anzahl unterschiedlicher Hierarchie-Stufen	viele	wenige
	Führungsstil	autoritär / befehlend	partizipativ / kooperativ
	Art der Entscheidungsfindung	zentral: hierarchieorientiert	dezentral: teamorientiert
	Verantwortungs- und Kompetenzbereich	begrenzt: arbeitsvorgangsbezogen	umfassend: auftragsbezogen
	Art der Informationsbereitstellung (Arbeitsunterlagen)	bruchstückhaft: arbeitsgangbezogen (Detailangaben)	umfassend: auftragsbezogen (Richtwerte)
	Art der Ablaufsteuerung	Einzelauftragssteuerung: fremdbestimmt	Arbeitsvorrat (Bündelsteuerung): selbststeuernd
	Arbeitsteilung	hoch	gering
	Arbeitsinhalte	Integration von Umfeldaufgaben nicht fester Bestandteil der Systemauslegung	Integration von Umfeldaufgaben ist wesentlicher Bestandteil der Systemauslegung
	Erfolgskontrolle	isolierte Einzelleistungen: arbeitsgangbezogen	integrierte Systemnutzung: auftragsbezogen
	Lohnform	Individual-Entlohnung	Gruppen - Entlohnung

Bild 8: Gegenüberstellung systembeschreibender Merkmale der Organisationstypen Werkstattfertigung und Fertigungsinsel

4 ENTWICKLUNG EINER SYSTEMATIK ZUR PLANUNG VON FERTIGUNGSINSELN IN NE-METALLGIESSEREIEN

4.1 Vorbemerkungen zum Planungsprozeß

Die Planungen von Fertigungsinseln im Gießereibereich werden bis auf wenige Ausnahmen, wie z.B. dem Neubau einer Gießerei auf der "grünen Wiese", Umplanungen sein.
Ausgangsbasis für diese Planungsprojekte bildet dann häufig ein nach dem Verrichtungsprinzip strukturierter Ist-Zustand, d.h. die Aufteilung des Produktionsbereiches in mehrere voneinander unabhängige Werkstätten.

Von seiten der Planung erfordert dieser Umstand zwangsläufig eine starke Orientierung an innerbetrieblichen Gegebenheiten. Eine umfassende Aufnahme des Ist-Zustandes als repräsentatives Abbild der gesamten Unternehmung bzw. einzelner Teilbereiche, bildet daher eine wesentliche Voraussetzung bei Umplanungen.
In diesem Zusammenhang soll unter Planung ein kreativer Prozeß verstanden werden, der nach

- logischen
- rationalen und
- projektabhängig, sinnvollen

Schritten zu erfolgen hat /93/.

Aus diesem Begriffsverständnis heraus können für den Planungsprozeß zwei wesentliche Aussagen abgeleitet werden. Zum einen ist Kreativität eine wesentliche Voraussetzung planerischen Handelns, wobei dieses Handeln auf komplexe Problemstellungen zu beziehen ist.
Diese geforderte Kreativität, die hauptsächlich in der Systemplanungsphase bei der Entwicklung von Planungsalternativen zum Tragen kommt, wird u.a. von den zur Verfügung stehenden Informationen, von der Erfahrung und Qualifikation der Planer und vom Methoden- und Hilfsmitteleinsatz maßgeblich bestimmt.

Zum anderen wird aus obiger Definition deutlich, daß der Planungsprozeß zwar stufenweise ablaufen muß, die inhaltliche Ausrichtung der Planungsarbeiten und deren Detaillierungsgrad je Planungsstufe bzw. die hierbei eingesetzten Ressourcen aber nicht starr vorgegeben sind, sondern in enger Abhängigkeit zum Planungsvorhaben stehen.
Diese Ausführungen machen deutlich, daß es ein "allgemeingültiges verbindliches Patentrezept anwendbar auf jeden Planungsfall" nicht geben kann.

Es gibt aber Denkmodelle und Vorgehensweisen, die den gerade bei komplexen Planungsaufgaben z.T. sehr aufwendigen Planungsprozeß systematisieren und operationalisieren helfen und damit sowohl den Wirkungsgrad der Planungsarbeiten als auch die erzeugte Planungsqualität deutlich erhöhen (vgl. u.a. /39/).

Eines dieser Denkmodelle, welches schon seit längerer Zeit mit viel Erfolg zur Lösung von komplexen Planungsproblemen eingesetzt wird, ist der systemtechnische Ansatz (System Engineering) (vgl. hierzu u.a. /94, 95, 96, 97, 98/).

Dieser systemtechnische Ansatz ermöglicht die Komplexität eines Gesamtproblems auf geordnete Art und Weise in operationale Teilprobleme zu zerlegen, ohne daß dabei der Gesamtzusammenhang verloren geht bzw. unzulässige Vereinfachungen entstehen (vgl. hierzu v.a. /95/). Er wird daher auch der Entwicklung einer Vorgehensweise zur Planung von Fertigungsinseln im Gießereibereich zugrundegelegt.

4.2 Zur Komplexität der Planungsanforderungen bei der Bildung von Fertigungsinseln

Die Planung einer Fertigungsinsel, bestehend aus ihrer prozeßtechnischen und arbeitsorganisatorischen Systemkomponente, stellt aufgrund der unterschiedlichen planungsrelevanten Gegenstandsbereiche und deren Wechselbeziehungen ein äußerst komplexes Aufgabenfeld dar (Bild 9).

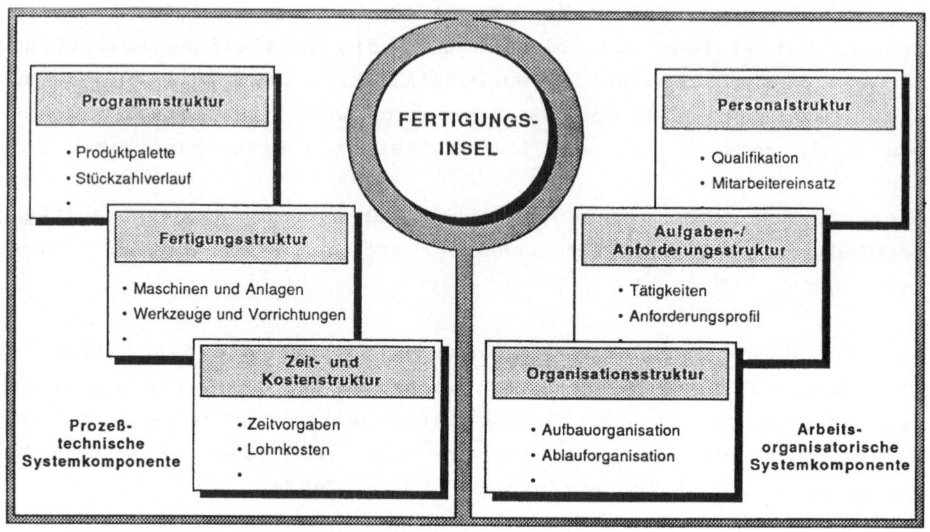

Bild 9: Darstellung planungsrelevanter Gegenstandsbereiche bei der Bildung von Fertigungsinseln

Dieser Sachverhalt kommt auch deutlich in der Definition der Fertigungsinsel zum Ausdruck. So verlangt beispielsweise die Forderung bezüglich der Teile- oder Fertigungsfamilienbildung detaillierte Untersuchungen im Bereich der Programm-, der Fertigungs- sowie der Zeit- und Kostenstruktur. Die Integration von dispositiven Tätigkeiten aus dem produktionsnahen Umfeld, bzw. das Arbeiten in einer Gruppe und deren Selbststeuerung - ebenfalls beides feste Bestandteile der Definition einer Fertigungsinsel - implizieren Analysen im Bereich der Organisations-, der Aufgaben- und der Personalstruktur.

Aber nicht nur die thematisch stark unterschiedlichen Gegenstandsbereiche, auch die damit verbundenen Gestaltungsziele tragen maßgeblich zur Steigerung der Anforderungsvielfalt bei der Planung Neuer Arbeitsstrukturen - und in diesem speziellen Fall bei der Planung von Fertigungsinseln - bei.

Bild 10 zeigt das erweiterte Zielsystem als Basis eines übergeordneten Anforderungsprofils für den allgemeinen Planungsfall von Fertigungsinseln. Die darin enthaltenen Gestaltungsziele wurden hauptsächlich aufgrund vorliegender Erfahrungen mit Neuen Arbeitsstrukturen aus dem Bereich der Teilefertigung und der Montage (vgl. hierzu u.a. /7, 15, 34, 35/) unter Berücksichtigung gießereispezifischer Gegebenheiten (vgl. hierzu u.a. /30, 99/) abgeleitet.

Bezogen auf den konkreten Planungsfall ist der Umfang der Ziele situationsbezogen anzupassen und so zu operationalisieren und einer Gewichtung zu unterziehen, daß sie für den Planer handlungs- und planungsrelevant werden.

Die thematisch heterogenen Gegenstandsbereiche und ihre unterschiedlichen Gestaltungserfordernisse bilden zusammen mit dem system-technischen Ansatz wesentliche Determinanten für das systematische Vorgehen und den Methoden- und Hilfsmitteleinsatz bei der Planung von Fertigungsinseln im Gießereiwesen.

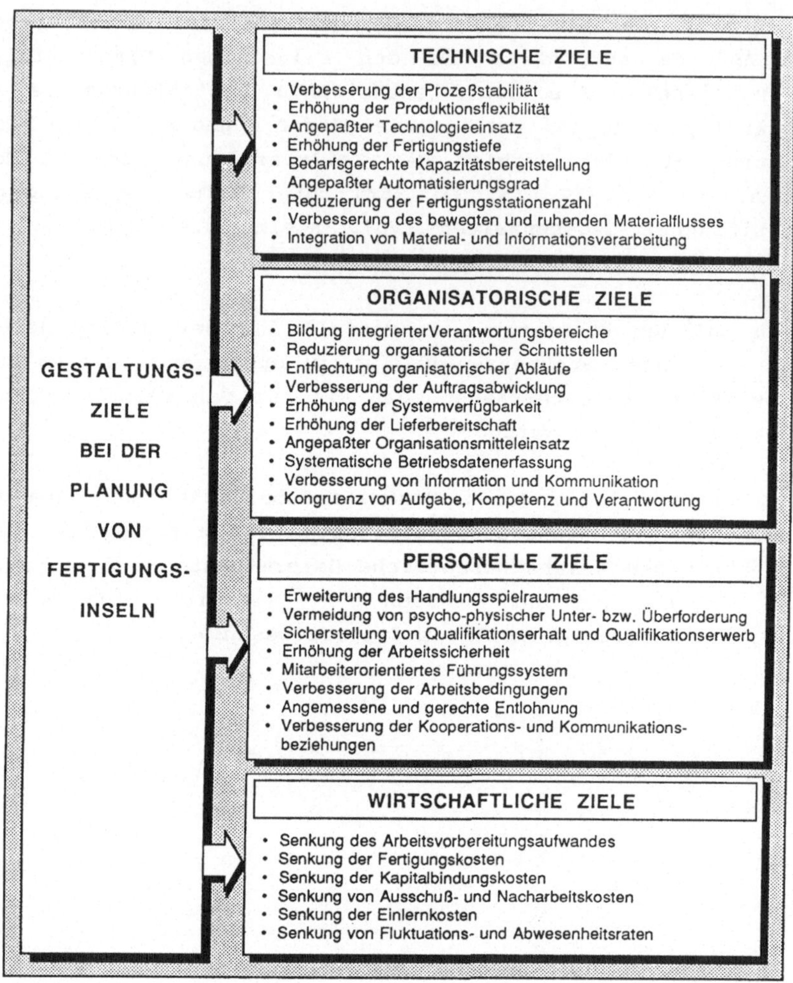

Bild 10: Übergeordnetes Anforderungsprofil an den Planungsprozeß bei der Bildung von Fertigungsinseln

Anhand oben genannter Einfluß- und Bestimmungsgrößen sind folgende Planungsphasen und Planungsschritte bei der Konzeption von Fertigungsinseln im Gießereibereich zu durchlaufen (Bild 11).

PLANUNGS-PHASEN	PLANUNGSSCHRITTE
VOR-PLANUNG	Skizzierung der Aufgabestellung und Abstecken des Projektrahmens
	Analyse und Aufbereitung von Programmstruktur-Daten
	Analyse und Aufbereitung von Fertigungsstruktur-Daten
	Analyse und Aufbereitung von Zeit- und Kostenstruktur-Daten
	Analyse und Aufbereitung von Organisationsstruktur-Daten
	Analyse und Aufbereitung von Aufgaben- und Anforderungsstruktur-Daten
	Analyse und Aufbereitung von Personalstruktur-Daten
ZIEL-PLANUNG	Ableitung und Formulierung mitarbeiter- und unternehmensbezogener Zielkriterien
	Gewichtung der Zielkriterien
	Abgrenzung der Planungsaufgabe und Dokumentation im Pflichtenheft
SYSTEM-PLANUNG	Bildung von Gußbearbeitungsfamilien und Festlegung der Systemgrenze / Systemauftrag
	Festlegung von Fertigungstechnologien und Betriebsmittelgrundausstattung
	Fertigungstechnische Zuordnung von Gußbearbeitungsfamilien zu Betriebsmitteln
	Festlegung der Fertigungssteuerungskonzeption
	Ableitung und Beurteilung der Übertragbarkeit von Umfeldaufgaben
	Festlegung der Funktionsteilung (Mensch/Technik) pro Planungsalternative (Entkopplung)
	Festlegung der Kapazitätsteilung (Technik/Technik) pro Planungsalternative
	Festlegung der Arbeitsteilung (Mensch/Mensch) pro Planungsalternative
	Ermittlung des erforderlichen Betriebsmittelbedarfs pro Planungsalternative
	Ermittlung des erforderlichen Personalbedarfs pro Planungsalternative
	Materialflußgerechte Betriebsmittelanordnung pro Planungsalternative
	Festlegung der personellen Zusammensetzung der Arbeitsgruppe pro Planungsalternative
	Arbeits- und sozialwissenschaftliche Beurteilung pro Planungsalternative
	Kosten- und leistungsmäßige Beurteilung pro Planungsalternative
	Treffen der Auswahlentscheidung

Bild 11: Planungsphasen und Planungsschritte bei der Konzeption von Fertigungsinseln

Die sachgerechte, effiziente Abwicklung dieser Planungsschwerpunkte erfordert zum einen deren Einbettung in eine systematische Vorgehensweise und zum anderen den speziellen Einsatz geeigneter Methoden und Hilfsmittel je Planungsphase.

Nachfolgend wird die idealisierte Makrostruktur einer systematischen Vorgehensweise zur Arbeitssystemplanung von Fertigungsinseln zusammen mit ihrem methodischen Instrumentarium vorgestellt.

4.3 Entwicklung und Beschreibung der Makrostruktur zur Arbeitssystemplanung von Fertigungsinseln

Der Planungsablauf zur Konzeption von Fertigungsinseln kann sowohl unter zeitlichen als auch unter inhaltlichen Gesichtspunkten in eine

- o Vorplanungsphase,
- o Zielplanungsphase und eine
- o Systemplanungsphase

eingeteilt werden (Bild 12 und 13).

Das primäre Ziel der Vorplanungsphase besteht in der systematischen Informationsgewinnung bzgl. des umzustrukturierenden Ausgangszustandes mit Hilfe der Situationsanalyse und bildet damit die Basis jeglichen zielgerichteten planerischen Handelns.

So tragen beispielsweise die über die Situationsanalyse gewonnenen Erkenntnisse bzgl. der Ausgangssituation maßgeblich zur Konkretisierung der Zielsetzung in der Zielplanungsphase bei, bzw. sie ermöglichen damit zugleich die Präzisierung der Planungsaufgabe. Im Rahmen der Systemplanungsphase wirken diese Erkenntnisse unterstützend bei der Festlegung des Entwicklungsrahmens für die zu konzipierenden Lösungsalternativen. Damit besitzt die Vorplanungsphase einen richtungsweisenden Vorstudiencharakter, deren Hauptergebnisse in der systematischen Erhebung und Aufbereitung prozeßtechnischer und arbeitsorganisatorischer Planungs- und Bewertungsdaten zur Beurteilung einzelner Systemzustände liegen.

Dieser höhere Erkenntnisstand ist u.a. die Voraussetzung für eine konsequente Schwachstellenbeseitigung im Sollzustand.

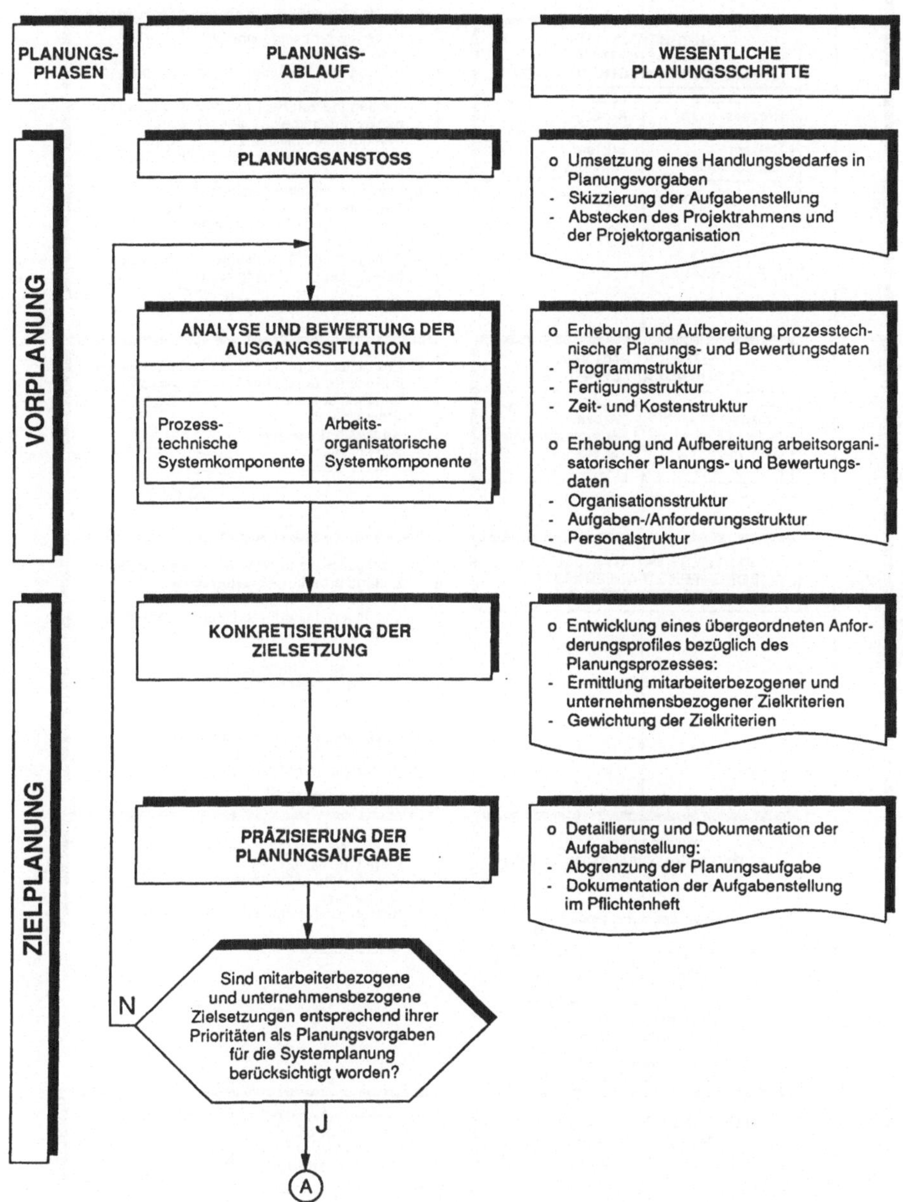

Bild 12: Makrostruktur zur Arbeitssystemplanung von Fertigungsinseln

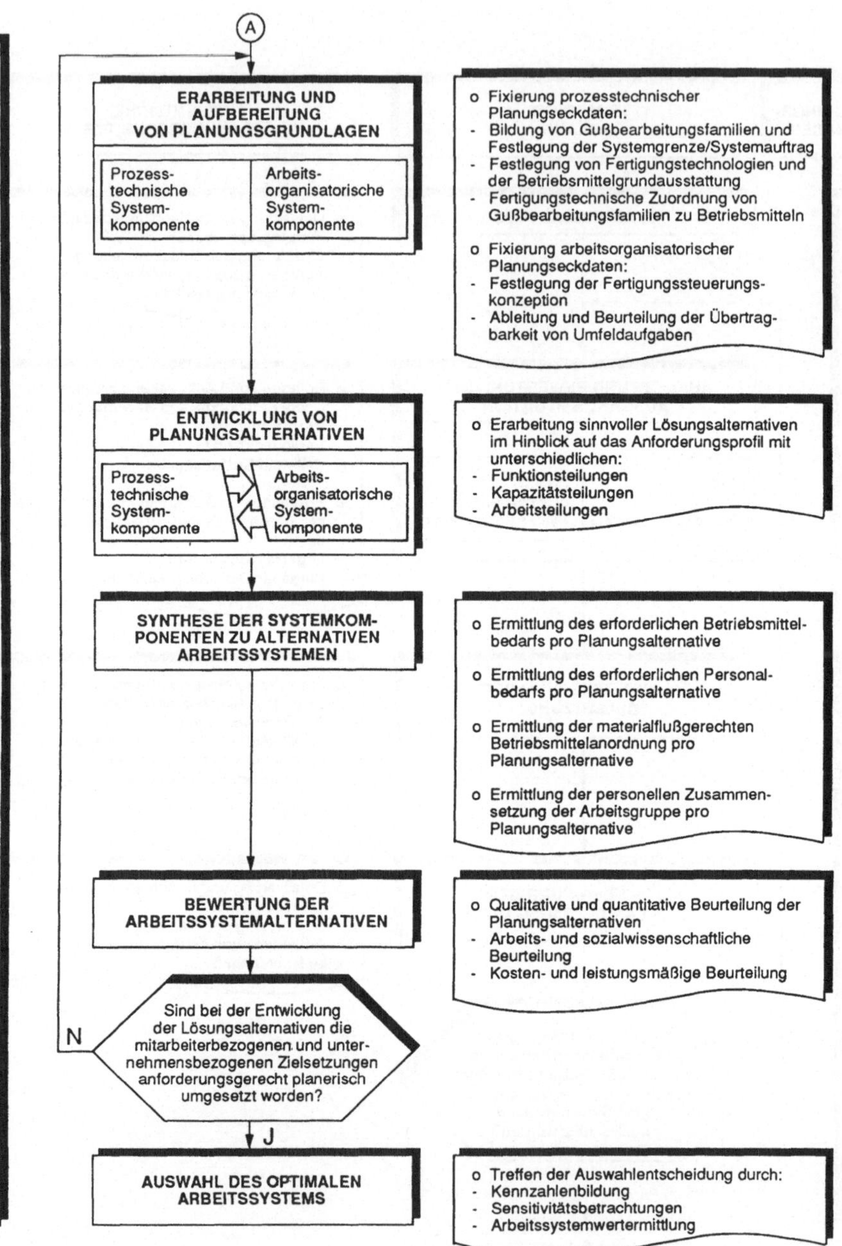

Bild 13: Fortsetzung: Makrostruktur zur Arbeitssystemplanung von Fertigungsinseln

Inhaltliche Schwerpunkte der Zielplanungsphase sind die Konkretisierung der Zielsetzung und die Präzisierung der Planungsaufgabe. Die Konkretisierung der Zielsetzung basiert hierbei auf der Entwicklung eines erweiterten Zielsystems, welches neben unternehmensbezogenen Anforderungskriterien gleichrangig mitarbeiterbezogene Anforderungskriterien beinhaltet.

Dieses Zielsystem kann als Anforderungsprofil an den Planungsprozeß interpretiert werden und ermöglicht damit zum einen das zielorientierte Arbeiten bei der Entwicklung von Planungsalternativen in der Konzeptionsphase und zum anderen stellt es die Basis für die spätere Bewertung alternativer Systemkonzeptionen dar.

Mit dem gleichzeitigen Einbringen unternehmensbezogener und mitarbeiterbezogener Zielkriterien in das Anforderungsprofil schon zu Beginn des eigentlichen Planungsprozesses und der simultanen Berücksichtigung beider Anforderungskategorien bei der Entwicklung von Planungsalternativen, wird versucht den Forderungen des integrativen soziotechnische Systemansatzes (vgl. dazu /100/) Rechnung zu tragen.

Die Präzisierung der Planungsaufgabe wird zweckmäßigerweise schriftlich über ein sogenanntes Pflichtenheft in den Planungsprozeß eingebracht.
Ausgehend von der geforderten Funktion des Arbeitssystems bzw. dessen Systemauftrag, wird die Planungsaufgabe näher spezifiziert und klar gegenüber dem betrieblichen Umfeld abgegrenzt, ohne jedoch den planerischen Lösungsraum von vornherein in unzulässiger Art und Weise einzuschränken.
Weiterhin beinhaltet die Präzisierung der Planungsaufgabe neben der Festlegung von Muß- und Sollkriterien in Form von Fest- und Mindestanforderungen, vor allem die Abklärung der Projektorganisation in Form von Termin-, Personal- und Investvorgaben, bzw. die Festlegung von Aufgaben, Verantwortung und Kompetenzen aller beteiligten Mitarbeiter bei der Abwicklung des Projektes.

Die unterschiedlichen sachbezogenen und personenbezogenen Zielsetzungen und die heterogenen Gegenstandsbereiche, die innerhalb der einzelnen Planungsphasen zu erfassen, auszuwerten und konzeptionell umzusetzen sind, verdeutlichen die Komplexität des Planungsprozesses. Entsprechend dieser Komplexität geht es in der Systemplanungsphase vor allem darum, ein breites Spektrum von Planungsalternativen, die auch sogenannte extreme Lösungen beinhalten sollten, als Grobkonzeptionen mit vertretbarem Aufwand zu entwickeln und zu beurteilen.

Da aber die eingesetzte Technik und die Entscheidung für eine bestimmte Arbeitsorganisation in keinem eindeutigen funktionalen Zusammenhang stehen, ein bezeichnendes Beispiel hierfür sind die unterschiedlichen Bedienstrategien, die sich in der Praxis beim Einsatz bauartgleicher CNC-Maschinen im Laufe der Zeit herausgebildet haben (vgl. hierzu u.a. /101/), kann häufig der Fall eintreten, daß ein und dieselbe prozeßtechnische Systemalternative mit unterschiedlichen arbeitsorganisatorischen Systemalternativen kombiniert werden kann und umgekehrt und somit die Anzahl von Gesamtsystemalternativen, die durch eine Synthese von alternativen prozeßtechnischen und arbeitsorganisatorischen Systemkomponenten entstehen, sehr stark ansteigen kann.

Die planerischen Gestaltungsspielräume bei der Alternativenentwicklung von Fertigungsinseln, bestehen - nachdem Systemauftrag und Fertigungstechnologien festliegen - hauptsächlich in den unterschiedlichen Teilungsarten wie:

- Funktionsteilung
- Kapazitätsteilung und
- Arbeitsteilung

sowie ihrer mengen- und artteiligen Ausrichtungen.

Für jede Kombination von Teillösungen, die als Gesamtlösung in Betracht kommt muß aber sichergestellt sein, daß sie eine sinnvolle Planungsalternative bzgl. des erweiterten Zielsystems darstellt, d.h. daß schon während der Alternativenentwicklung eine kritische Begutachtung seitens der Planer im Hinblick auf die im Anforderungsprofil festgelegten Kriterien erfolgen muß und bei Bedarf ein entsprechender Abgleich bei den Planungsalternativen vorgenommen wird.

Die Bewertung und Beurteilung der Lösungsalternativen erfolgt schließlich anhand monetärer und nicht-monetärer Bewertungskriterien. Dies geschieht für die monetäre Beurteilung in der Regel mittels einschlägiger Wirtschaftlichkeitsrechnungen. Der Multidimensionalität der monetär nicht quantifizierbaren Beurteilungskriterien wie z.B. "Flexibilität" oder "Persönlichkeitsförderlichkeit" wird zum einen über die Nutzwertanalyse und zum anderen durch den Einsatz arbeitswissenschaftlicher Bewertungsverfahren Rechnung getragen.

Der Vorteil dieses mehrgleisigen Bewertungsverfahrens zur Ermittlung differenzierter Präferenzstrukturen liegt darin, komplexe Planungsvorhaben für den Entscheidungsträger transparenter zu machen und somit das Risiko von Fehlentscheidungen bei der Auswahl der favorisierten Systemalternative zu reduzieren.

Die im Planungsablauf mehrmals angesprochenen unterschiedlichen Zielsetzungen und Gegenstandsbereiche verlangen einen entsprechend differenzierten Methoden- und Hilfsmitteleinsatz.

In Bild 14 wird daher sowohl eine Übersicht der wichtigsten Analyse- Kreativitäts- und Bewertungsverfahren, die im Rahmen der Arbeitssystemplanung von Fertigungsinseln Anwendung finden wiedergegeben, als auch deren generelle Zuordnung zu den einzelnen Planungsschwerpunkten vorgenommen.

Während Bild 14 mehr eine ergebnisorientierte Zuordnung von Analyse-, Kreativitäts- und Bewertungsverfahren zu den einzelnen Planungsschwerpunkten widerspiegelt, gibt Bild 15 eine durchführungsorientierte Zuordnung der wichtigsten Analyseverfahren zu den in Frage kommenden Erhebungstechniken bzw. Gegenstandsbereichen wieder.

	WESENTLICHE PLANUNGSSCHRITTE \ ANALYSE-, KREATIVITÄTS- UND BEWERTUNGSVERFAHREN	Gußteileflußanalyse	Verfahrens- und Betriebsmittelanalyse	Kapazitätsanalyse	Materialflußanalyse	Organisationsanalyse	Personalanalyse	Ergonomische Arbeitsanalyse	Psychologische Arbeitsanalyse	Zeit- und Kostenanalyse	Brainstorming	Morphologie	Nutzwertanalyse	Simulationstechnik	Paarweiser Vergleich	ABC-Analyse	Netzplantechnik
VORPLANUNG	Skizzierung der Aufgabenstellung und Abstecken des Projektrahmens										●						●
	Analyse und Aufbereitung von Programmstruktur-Daten	●		●												●	
	Analyse und Aufbereitung von Fertigungsstruktur-Daten	●	●		●											●	
	Analyse und Aufbereitung von Zeit- und Kostenstruktur-Daten			●						●						●	
	Analyse und Aufbereitung von Organisationsstruktur-Daten					●											
	Analyse und Aufbereitung von Aufgaben- und Anforderungsstruktur-Daten					●		●	●								
	Analyse und Aufbereitung von Personalstruktur-Daten						●										
ZIELPLANUNG	Ableitung und Formulierung mitarbeiter- und unternehmensbezogener Zielkriterien							●	●		●						
	Gewichtung der Zielkriterien														●		
	Abgrenzung der Planungsaufgabe und Dokumentation im Pflichtenheft	●	●			●		●	●	●							
SYSTEMPLANUNG	Bildung von Gußbearbeitungsfamilien und Festlegung der Systemgrenze (Systemteilung)	●	●					●	●			●					
	Festlegung von Fertigungstechnologien und der Betriebsmittelgrundausstattung	●	●														
	Fertigungstechnische Zuordnung von Gußbearbeitungsfamilien zu Betriebsmitteln	●	●														
	Festlegung der Fertigungssteuerungs-konzeption					●											
	Ableitung und Beurteilung von Umfeld-aufgaben	●				●	●	●	●								
	Festlegung der Funktionsteilung (Mensch/ Technik) pro Planungsalternative (Entkopplung)	●	●					●	●								
	Festlegung der Kapazitätsteilung (Technik/ Technik) pro Planungsalternative	●	●	●													
	Festlegung der Arbeitsteilung (Mensch/Mensch) pro Planungsalternative					●	●	●	●								
	Ermittlung des erforderlichen Betriebsmittel-bedarfs pro Planungsalternative	●	●	●													
	Ermittlung des erforderlichen Personalbedarfs pro Planungsalternative			●		●											
	Materialflußgerechte Betriebsmittelanordnung pro Planungsalternative	●			●												
	Festlegung der personellen Zusammensetzung der Arbeitsgruppe pro Planungsalternative					●	●	●	●								
	Arbeits- und sozialwissenschaftliche Beurteilung pro Planungsalternative							●	●								
	Kosten- und leistungsmäßige Beurteilung pro Planungsalternative									●				●			
	Treffen der Auswahlentscheidung							●	●				●	●			

Bild 14: Ergebnisorientierte Zuordnung der wichtigsten Analyse- Kreativitäts- und Bewertungsverfahren zu den einzelnen Planungsschritten

ERHEBUNGSMETHODEN UND ANALYSEOBJEKTE / ANALYSEVERFAHREN						PROZESSTECHNISCHE SYSTEMKOMPONENTE																		ARBEITSORGANISATORISCHE SYSTEMKOMPONENTE																
	Erhebungsmethoden					Programmstruktur						Fertigungsstruktur							Zeit-/Kostenstruktur					Org.-struktur			Aufgaben-/Anforderungsstruktur										Personalstruktur			
	Checkliste, Fragebogen	Beobachtungs-Interview	Beobachtung, Multimomentstudie	Selbstaufschreibung	Dokumentenstudium	Produktpalette (Typen und Varianten)	Jahresstückzahl, Stückzahlschwankungen	Losgröße, Auflegehäufigkeit	Geometrie, Toleranzen	Legierung, Gewicht	Spezielle Anforderungen (Sicherheitstechnik)	Anordnung und Bereitstellung von Betriebsmitteln	Bewegter und ruhender Materialfluß	Fertigungsverfahren	Fertigungsart, Fertigungsfolgen	Fertigungsmittel, Fertigungshilfsmittel	Fördermittel, Förderhilfsmittel	Mess- und Prüfmittel	Zeitvorgaben	Beeinflußbare Zeitanteile pro Arbeitsgang	Kostenarten (Fertigungs-, Herstell- und Selbstkosten)	Kostenträger	Kostenstellen	Aufbauorganisation (Gliederungsplan, Führungssystem)	Ablauforganisation	Organisatorische Rahmenbedingungen (Entlohnung)	Ausführende Tätigkeiten (Bedienen, Rüsten)	Planende, steuernde, administrative Tätigkeiten	Zeitlicher Aufgabenumfang	Häufigkeit des Aufgabenanfalls	Tätigkeitsspielraum	Entscheidungsspielraum	Interaktionsspielraum	Physische Arbeitsanforderungen	Psychische Arbeitsanforderungen	Umweltbedingte Arbeitsanforderungen	Demographische Daten	Formale Qualifikation, Nebenqualifikation	Personalzuordnung, Einsatzbeschränkungen	Fehlzeitenraten, Fluktuationsraten
Gußteileflußanalyse			●		●	●	●	●	●	●	●			●	●	●											●	●												
Technologieanalyse	●				●									●	●	●	●	●																						
Kapazitätsanalyse			●		●														●	●																				
Materialflußanalyse			●		●							●	●				●																							
Organisationsanalyse				●	●																			●	●	●														
Personalanalyse	●				●																																●	●	●	●
Ergonomische Arbeitsanalyse	●	●																									●	●	●	●	●	●	●	●		●				
Psychologische Arbeitsanalyse	●	●																									●	●	●	●	●	●	●		●	●				
Zeit- und Kostenanalyse			●		●														●	●	●	●	●																	

Bild 15: Durchführungsorientierte Zuordnung wesentlicher Analyseverfahren zu Erhebungsmethoden und Analyseobjekten

Welcher Aufwand und damit welche Einzelanalysen bei der Durchführung einer Situationsanalyse im konkreten Planungsfall letztendlich betrieben werden, bzw. zum Einsatz kommen, hängt von speziellen Vorgaben, z.B. Kosten, Termin, Qualifikation usw., bzw. vom informatorischen Ausgangszustand über das Planungsprojekt ab.
Unter diesem Gesichtspunkt können die in den Bildern 14 und 15 aufgeführten Analyse- und Bewertungsverfahren als eine Art "Maximal-Forderung" angesehen werden.

Die vorliegende Makrostruktur zur Arbeitssystemplanung von Fertigungsinseln wurde unter der speziellen Zielsetzung einer integrierten Betrachtung von Technik und Organisation entwickelt und bildet damit die planerische Voraussetzung, das Konzept der Fertigungsinsel erstmals auf den Gegenstandsbereich des Gießereiwesens zu übertragen.

5 PLANUNGSSCHRITTE FÜR EINE PERSONALORIENTIERTE AUSLEGUNG VON FERTIGUNGSINSELN

Die in den Bildern 12 und 13 dargestellte Makrostruktur zur Systemplanung von Fertigungsinseln beinhaltet zahlreiche Planungsschritte, die unter dem Aspekt einer menschengerechten Auslegung von Arbeitssystemen stark unterschiedliche Bedeutungen aufweisen. Aber gerade der Mensch und seine Bedürfnisstruktur bilden den Ausgangspunkt und die Bewertungsgrundlage für eine personalorientierte Planung von Neuen Arbeitsstrukturen.

Deshalb sollen im Rahmen dieses Kapitels, ausgehend von den signifikanten Merkmalen Neuer Arbeitsstrukturen in Bild 3, diejenigen Planungsschritte herausgegriffen und unter arbeits- und ingenieurwissenschaftlichen Gesichtspunkten detaillierter betrachtet werden, in denen der Planer aufgrund von Erkenntnissen, Maßnahmen und Entscheidungen schon während des Planungsprozesses gezielt Einfluß auf die Gestaltung industrieller Arbeit einschließlich der damit verbundenen Rückwirkungen auf den Menschen nehmen kann.

In diesem Zusammenhang bilden folgende Planungsschritte wesentliche Planungs- und Bewertungsgrundlagen für eine personalorientierte Ausrichtung von Fertigungsinseln:

- Aufgaben- und Anforderungsstruktur menschlicher Arbeit (Kap. 5.1)
- Entwicklung eines übergeordneten Anforderungsprofils bzgl. des Planungsprozesses (Kap. 5.2)
- Gußbearbeitungsfamilien als Basis zur Bestimmung von Systemgrenze und Systemauftrag (Kap. 5.3)
- Festlegung von Fertigungstechnologien und Betriebsmittelgrundausstattungen (Kap. 5.4)
- Festlegung einer geeigneten Fertigungssteuerungskonzeption (Kap. 5.5)

- o Ableitung und Beurteilung der Übertragbarkeit von Umfeldaufgaben (Kap. 5.6)
- o Erarbeitung anforderungsgerechter Planungsalternativen (Kap. 5.7).

Die in den einzelnen Planungsschritten zum Einsatz kommenden Verfahren sind der Aufgabenstellung entsprechend heuristischer Natur und lassen damit dem Planer noch ausreichend gestalterischen Spielraum bei der Entwicklung unterschiedlicher Planungsalternativen.
EDV-gestützte Verfahren, wie z.B. die interaktive Simulation, werden im Rahmen dieser Arbeit nicht als Planungsverfahren sondern lediglich als Bewertungsverfahren zur Beurteilung bereits geplanter Systemzustände eingesetzt.

5.1 Aufgaben- und Anforderungsstruktur menschlicher Arbeit

Die menschliche Arbeit besitzt unterschiedliche Dimensionen und kann unter wissenschaftlichen, moralischen, politischen und ökonomischen Problemstellungen gesehen und behandelt werden (vgl. hierzu /102/).

Aus arbeitswissenschaftlicher Sicht kann menschliche Arbeit in eine physische und eine psychische Komponente unterteilt werden (vgl. hierzu /22/), aus denen sich unterschiedliche Bewertungsebenen zu deren Beurteilung ableiten lassen und die damit ein hierarchisches System von Gestaltungserfordernissen an den Planungsprozeß darstellen.

So ordnet beispielsweise Rohmert /22/ der menschlichen Arbeit die Bewertungsebenen "Ausführbarkeit", "Erträglichkeit", "Zumutbarkeit" und "Zufriedenheit" zu.

Während die beiden ersten Bewertungsebenen "Ausführbarkeit" und "Erträglichkeit" einer Arbeit vorwiegend ergonomische Themenstellungen beinhalten, wie z.B. die Fragen nach anthropometrischen und biomechanischen Grenzwerten für kurzzeitige Belastungsdauer bzw.

arbeitsphysiologische und arbeitsmedizinische Grenzwerte für langfristige Belastungsdauer, stellen die Bewertungsebenen "Zumutbarkeit" und "Zufriedenheit" eher individual- und sozialpsychologische Themenkomplexe dar /103/.

Speziell im Hinblick auf arbeitspsychologische Fragestellungen wurde von Hacker ein "hierarchisches System von Erfordernissen bei der Gestaltung von Arbeitsprozessen entwickelt" /18/, welches die Bewertungsebenen: "Ausführbarkeit", "Schädigungslosigkeit", "Beanspruchungsoptimierung (Zumutbarkeit)" und "Persönlichkeitsförderlichkeit" unterscheidet.

Während die ersten drei Bewertungsebenen von Hacker mit denen von Rohmert vergleichbar sind, wird mit der Bewertungsebene der Persönlichkeitsförderlichkeit das Anliegen bezeichnet, Beeinträchtigungen der psychischen Gesundheit und Hemmnisse der Persönlichkeitsentwicklung durch Arbeitsgestaltung zu überwinden, wobei (hier) Gesundheit nicht lediglich als Ausschluß von Krankheit, sondern als vollständiges körperliches, geistiges und soziales Wohlbefinden begriffen wird" /104, 105/.

Im folgenden werden daher zwei für die Planung von Neuen Arbeitsstrukturen wesentlichen Analyse- und Bewertungsverfahren zur Umsetzung der oben angesprochenen Gestaltungserfordernisse aus dem Bereich der Arbeitsphysiologie und dem Bereich der Arbeitspsychologie in stark verkürzter Form vorgestellt, mit denen sowohl die physische als auch die psychische Komponente menschlicher Arbeit im Hinblick auf Ausführbarkeit, Erträglichkeit und Persönlichkeitsförderlichkeit beurteilt werden kann. Damit wird für den Planer eine wichtige Planungsgrundlage geschaffen, um gezielt Gestaltungsmaßnahmen anhand von Defiziten abzuleiten und gleichzeitig wird ihm damit ein Instrumentarium an die Hand gegeben, um diese Maßnahmen auf Wirksamkeit hin überprüfen zu können.

Der damit an dieser Stelle notwendige Exkurs in die Beschreibung ausgewählter Methoden aus dem Bereich der Arbeitsphysiologie und der Arbeitspsychologie bildet sowohl die Verständnisgrundlage für eine personalorientierte Systemplanung als auch für die Ergebnisdarstellung des in Kapitel 6 beschriebenen Beispiels einer innerbetrieblichen Umplanung.

5.1.1 Das arbeitswissenschaftliche Erhebungsverfahren zur Tätigkeitsanalyse (AET)

Gerade bei Neuen Arbeitsstrukturen wird bei der Planung und Gestaltung menschlicher Arbeit angestrebt, sowohl psychophysische Unterforderungen als auch Überforderungen zu vermeiden. Für den physischen Bereich menschlicher Arbeit wird zudem häufig versucht, für stark belastende Arbeiten den Mitarbeitern im Arbeitsprozeß einen sogenannten Belastungswechsel zu ermöglichen.

Vor allem bei Umplanungen in belastungsintensiven Fertigungsbereichen, wie sie Gießereien nun einmal darstellen (vgl. /106/), wird es daher notwendig, den Gestaltungszustand bestehender Arbeitssysteme bzgl. Belastung und Beanspruchung der Arbeitspersonen aufgrund gezielter Untersuchungen zu kennen. Die dazu notwendigen, oft sehr aufwendigen physikalischen und arbeitsphysiologischen Messungen übersteigen nicht selten die sachlichen und personellen Möglichkeiten der Betriebe (vgl. hierzu /23/).
Dies war u.a. einer der Gründe, warum von Landau und Rohmert das arbeitswissenschaftliche Erhebungsverfahren zur Tätigkeitsanalyse entwickelt wurde, welches <u>ohne Messungen</u> auskommt und durch Beobachten und gegebenenfalls in Grenzfällen auch durch Befragen des Mitarbeiters oder der betrieblichen Vorgesetzten die Tätigkeiten am Arbeitsplatz beschreibt. Das AET löst Arbeitssysteme in einzelne Elemente auf und beschreibt und skaliert deren Abhängigkeiten, so daß Belastungsabschnitte nach der Dauer, Höhe und Reihenfolge, sowie ihrer zeitlichen Lage innerhalb einer Arbeitsschicht quantifiziert werden können /21/. Damit ermöglicht das AET zum einen eine systematische Dokumentation des Systems Mensch/Arbeit und zum anderen wird durch den speziellen Aufbau des AET eine "beanspruchungsrelevante Analyse von Belastungsdeterminanten vorgenommen" /21/.

Das AET ist im Hinblick auf eine universelle Einsetzbarkeit zur Untersuchung von Arbeitsinhalten und Arbeitsbedingungen konzipiert. Das Spektrum von Arbeitsinhalten, das mit dem AET erfaßt werden kann, reicht vom "Erzeugen von Kräften" bis zum "Erzeugen von Informationen" /23/.

Der inhaltliche Aufbau des AET umfaßt die drei Hauptteile:

- Arbeitssystem
- Aufgabenanalyse und
- Anforderungsanalyse.

Eine ausführliche Beschreibung dieser drei Hauptteile, die insgesamt 216 Merkmale beinhalten, findet sich in /23/ und soll im Hinblick auf die speziellen Planungserfordernisse dieser Arbeit nur im "Anforderungsbereich: Handlung" weiter vertieft werden, um Aussagen zur Beurteilung der physischen Komponente der menschlichen Arbeit an typischen Gießereiarbeitsplätzen zu machen.

Die psychischen Anforderungen, die die Arbeitstätigkeit an den Menschen im Hinblick auf die Persönlichkeitsförderlichkeit stellt, werden mit dem sogenannten Tätigkeitsbewertungssystem in seiner Kurzfassung (TBS-K) /20/ erhoben. Darauf wird in Abschnitt 5.1.2 ausführlicher eingegangen.

Im "Teil C: Anforderungsanalyse" des AET kann der Anforderungsbereich der Handlung in die AET-Merkmale /23/:

- Belastung durch Haltungsarbeit
- Belastung durch statische Haltearbeit
- Belastung durch schwere dynamische Muskelarbeit
- Belastung durch einseitig dynamische Muskelarbeit und
- Krafteinsatz und Bewegungsfrequenz

weiter unterteilt werden.

Jedes dieser AET-Merkmale besteht aus der Fragestellung, die stichwortartig den zu erfassenden Sachverhalt charakterisiert, aus einer Erläuterung und aus der Angabe des Merkmalschlüssels nach welchem dieses Merkmal eingestuft werden soll, wobei äquivalent zu einer ansteigenden Schlüsselstufung auch - zumindest näherungsweise - eine erhöhte Belastung unterstellt werden kann" /23/.

Bild 16 demonstriert diesen Sachverhalt am Beispiel des AET-Merkmals: "Belastung durch statische Haltearbeit der Finger-, Hand- und Armregion" /21/.

Merkmal-Nr.	Merkmal-Schlüssel	Merkmaltext
205	Z	Belastung durch statistische Haltearbeit *Fragestellung:* Innerhalb welchen Anteils der Schichtzeit ist der Stelleninhaber durch statische Haltearbeit belastet? *Sachverhalt in Stichworten und Erläuterung* Unter statischer Haltearbeit versteht man eine länger andauernde (> 4 sec) Anspannung der Muskeln, dabei führt die Anspannung nicht zu einer Körperbewegung (in Gegensatz zur dynamischen Arbeit). Der Mensch leistet bei statischer Haltearbeit im Sinne der Mechanik keine meßbare Arbeit. Bei statischer Haltearbeit kommt eine Anspannung der Muskeln nicht nur infolge einer äußeren Krafteinwirkung, sondern auch infolge der zum Halten des Gewichts der eigenen Körperextremitäten notwendigen Kraft zustande. *Belastete Körperregionen:* Körperregionen "Finger-Hand-Unterarm" *Merkmal:* Wirkung von Muskelkraft ohne Unterstützung durch Körpergewicht *Beispiele:* Greifen und Halten von Arbeitsobjekten, Tastaturbedienung *Zu verwendender Merkmalschlüssel:* Zeitdauerschlüssel (Z) 0 trift nicht zu (oder ist nur sehr selten) 1 < 1/10 (< 50 min) der Schichtzeit 2 < 1/3 (< 160 min) der Schichtzeit 3 zwischen 1/3 (160 min) und 2/3 (320 min) der Schichtzeit 4 über 2/3 (320 min) der Schichtzeit 5 beinahe ununterbrochen während der gesamten Arbeitszeit

Bild 16: AET-Merkmal: Belastung durch statische Haltearbeit nach /23/

Um auf grafischem Wege für den Planer einen raschen Überblick über Belastungshöhe bzw. Belastungsdauer von Tätigkeiten oder Tätigkeitsgruppen zu erhalten (vgl. hierzu /23/) bzw. planerische Möglichkeiten für einen Belastungswechsel aufgrund unterschiedlicher Tätigkeiten zu erkennen, eignet sich eine profilartige Darstellung der erreichten Punktzahl bezogen auf die einzelnen Merkmalsgruppen.

Im anschließenden Kapitel 6 werden im Rahmen der Beschreibung des Gießerei-Fallbeispiels speziell für den Anforderungsbereich der Handlung, Tätigkeitsprofile für charakteristische Gießereiarbeitsplätze vorgestellt.
Für die Beurteilung der psychischen Komponente der menschlichen Arbeit im Hinblick auf Persönlichkeitsförderlichkeit wird nachfolgend ein geeignetes Verfahren kurz vorgestellt. Ausführbarkeit und Erträglichkeit einer Arbeit bilden hierbei die Voraussetzungen für eine persönlichkeitsförderliche Arbeitsgestaltung.

5.1.2 Das Tätigkeitsbewertungssystem in seiner Kurzform (TBS-K)

"Das Tätigkeitsbewertungssystem in seiner Kurzform (TBS-K) dient der Analyse, Bewertung und Gestaltung persönlichkeitsförderlicher Arbeitsinhalte" /20/.

Im Gegensatz zu seiner Langform ist es ein orientierendes Kurzverfahren, das mit begrenztem Zeitaufwand zunächst Schwerpunkte für weitere eingehende Untersuchungen ermittelt bzw. Schwerpunkte für Umgestaltungsmaßnahmen aufzeigt.

In Bild 17 ist der inhaltliche Aufbau des TBS-K, der sich in drei Hauptteile untergliedern läßt, dargestellt.

Teil A: Analyse der äußeren direkt beobachtbaren Tätigkeitsausführung		
Anforderungsarten	**Anforderungsbeschreibungen**	**Anzahl der Anforderungsstufen**
A1: Zyklusdauer	Die Zyklusdauer ist die zum einmaligen Abarbeiten der gesamten Arbeitsaufgabe benötigte Zeit	6 Stufen
A 2: Innerbetriebliche Arbeitsteilung	Sie besteht in der spezialisierten Gliederung der Arbeitsprozesse, die durch die Kombination unterschiedlicher Arbeitsfunktionen gestaltet werden können	3 Stufen
A 3: Vorgeschriebenheit der Arbeitsweise	Damit wird erfaßt, inwieweit die Arbeitskraft die Möglichkeit besitzt, eine eigene Vorgehensweise bei der forderungsgerechten Erfüllung der Arbeitsaufgabe selbst zu entwickeln	4 Stufen
A 4: Rückmeldung bezüglich der eigenen Arbeitstätigkeit	Rückmeldungen der eigenen Arbeitstätigkeit bestehen aus selbst- oder fremderhobenen Informationen über qualitative und quantitative Zustände von Tätigkeitsverlauf und -resultat	3 Stufen
A 5: Routinemäßige Tätigkeitsausführung	Diese liegt vor, wenn die Arbeitskraft nach längerer Übung bei gleichbleibender Qualität und Arbeitsleistung ihre Aufmerksamkeit von der Arbeit abwenden kann	3 Stufen
A 6: Kooperation	Darunter ist die kollektive Wechselwirkung mindestens zweier Arbeitskräfte im Arbeitsprozess zu verstehen, die sich in geregelter Zusammenarbeit, bei zeitlicher und inhaltlicher Abstimmung äußert	4 Stufen

Teil B: Analyse der geistigen Leistungen, die durch die Arbeitsaufgabe in Anspruch genommen werden		
Anforderungsarten	**Anforderungsbeschreibungen**	**Anzahl der Anforderungsstufen**
B1: Freiheitsgrade für Zielsetzungen	Sie stellen die Möglichkeit der Wahl zwischen mindestens zwei Tätigkeitsvarianten dar, die der Arbeitskraft bei der Ausführung zur Verfügung stehen, unabhängig davon, ob sie die Arbeitskraft nützt	5 Stufen
B2: Planen und Entscheiden	Hier wird analysiert, wie die Arbeitskraft die Auswahl aus mehreren Tätigkeitsvarianten vornimmt und in ihrer Tätigkeit umsetzt	5 Stufen
B3: Informationsaufnahme	Ist die Analyse von Signalen aus denen die Arbeitskraft Auskunft über den Zustand der zu bearbeitenden Arbeitsgegenstände und der genutzten Arbeitsmittel erhält	4 Stufen
B4: Informationsverarbeitung	Ist die Art und Weise, in der die Arbeitskraft die bei der Informationsaufnahme erhaltenen Signale verknüpft und bewertet	4 Stufen

Teil C: Analyse des Verhältnisses zwischen verfügbaren und für die Tätigkeit benötigten Qualifikationen		
C1: Nutzung der beruflichen Bildung	Analysiert wird nicht die geforderte Qualifikation, sondern das Verhältnis von Anforderungen und der durch die Arbeitskraft konkret erworbenen beruflichen Vorbildung	3 Stufen
C2: Bleibende Lernerfordernisse	Es werden sowohl die organisierte Qualifikation als auch die nicht organisierte Qualifikation (Wissenszuwachs, selbstständiges Lesen von Fachliteratur, gezielter Erfahrungsaustausch) analysiert	5 Stufen
C3: Kommunikation	Damit ist die Möglichkeit gemeint zu gegenseitigem Kontakt und Erfahrungsaustausch	3 Stufen
C4: Verantwortung	Darunter ist der Umfang zu verstehen, in dem die Arbeitskraft die Möglichkeit hat, selbst auf das Resultat der eigenen Tätigkeit, in Abhängigkeit von seiner Komplexität, Einfluß zu nehmen	5 Stufen

Bild 17: Inhaltlicher Aufbau des TBS-K /107/

Jeder dieser drei Hauptteile besteht aus vier bis sechs Anforderungsarten, denen zwischen drei bis sechs Anforderungsstufen zugeordnet sind /107/.

Ähnlich wie beim AET liegen beim TBS-K für jede Anforderungsart entsprechende "Merkmalsschlüssel" in Form von Anforderungsstufen vor, die zusammen mit präzisen Erläuterungen, praktischen Hinweisen für die Erhebung und Richtbeispielen zur besseren Einordnung der Einstufungen in der Handanweisung des TBS-K enthalten sind /107/.

Die Anwendung des Verfahrens läuft in der Praxis so ab, daß vom Untersucher die jeweils zutreffende Stufe in ein Profilblatt eingetragen wird. Als Erhebungsmethode wird genau wie beim AET das Beobachtungsinterview eingesetzt, d.h. der Untersucher beobachtet die Arbeitskraft während der Ausführung des Arbeitsauftrages, läßt sich gegebenenfalls die Arbeitstätigkeit erklären und stellt gezielte, auf die Tätigkeit bezogene Detailfragen.

Grundlage für die Auswertung und Ergebnisdarstellung bilden die Einstufungen in das sogenannte Profilblatt (Bild 18), wobei Einstufungen innerhalb des schraffierten Negativbereiches als Defizite für die betreffende Anforderungsart sofort erkannt werden können.
Über einen Schlüssel, wird jeder Stufe der 14 Analysekriterien ein positiver, neutraler oder negativer Teil-Punktwert zugeordnet und durch Addition dieser Teilpunktwerte ein Gesamtpunktwert (PF_W) ermittelt.

Dieser Gesamtpunktwert (PF_W) kann - bedingt durch den Aufbau des Verfahrens - in einem Bereich zwischen - 48 und + 68 variieren und liefert eine Aussage über die Voraussetzungen, welche eine Arbeitstätigkeit im Hinblick auf die Persönlichkeitsförderlichkeit bietet. Eine anforderungsarme Tätigkeit liegt dann vor, wenn ein negativer Punktwert errechnet wurde.

		Skala
A1	Zyklusdauer	1 2 3 4 5 6
A2	Innerbetriebliche Arbeitsteilung	1 2 3
A3	Vorgeschriebenheit der Arbeitsweise	1 2 3 4
A4	Rückmeldungen über Arbeitstätigkeiten	1 2 3
A5	Routinemäßige Tätigkeitsausführung	1 2 3
A6	Kooperation	1 2 3 4
B1	Freiheitsgrade für Zielsetzungen	1 2 3 4 5
B2	Planen und Entscheiden	1 2 3 4 5
B3	Informationsaufnahme	1 2 3 4
B4	Informationsverarbeitung	1 2 3 4
C1	Nutzung der beruflichen Vorbildung	1 2 3
C2	Bleibende Lernerfordernisse	1 2 3 4 5
C3	Kommunikation	1 2 3
C4	Verantwortung	1 2 3 4 5
	Negativbereich	

Bild 18: Profilblatt des TBS-K nach /107/

Bewertungsfaktor PF_B	Gesamtpunktwert	Beurteilung der Arbeitstätigkeit
1	≥ = 30	Sehr hohe Voraussetzungen für eine Persönlichkeitsförderlichkeit der Arbeitstätigkeit
2	8 ... 29	Hohe Voraussetzungen für eine Persönlichkeitsförderlichkeit der Arbeitstätigkeit
3	-9 ... 7	Geringe Voraussetzungen für eine Persönlichkeitsförderlichkeit der Arbeitstätigkeit
4	-25 ... -10	Sehr geringe Voraussetzungen für eine Persönlichkeitsförderlichkeit der Arbeitstätigkeit
5	≤ = -26	Keine Voraussetzungen für eine Persönlichkeitsförderlichkeit der Arbeitstätigkeit

Bild 19: Ermittlung des Bewertungsfaktors PF_B der Persönlichkeitsförderlichkeit bei der projektierenden Arbeitsgestaltung nach /107/

Die Bewertung der Persönlichkeitsförderlichkeit mit dem Faktor PF_B erfolgt durch die Zuordnung der Standardnoten 1 bis 5 zu den Gesamtpunktwertbereichen, wobei der Wert 1 eine sehr positive und der Wert 5 eine sehr negative Bewertung ausdrückt. Bild 19 verdeutlicht diesen Sachverhalt für eine projektierende Arbeitsgestaltung /107/.

Eine grobe Einteilung der untersuchten Arbeitsinhalte nach ihren Umgestaltungserfordernissen ergibt der Faktor PF_G, der durch die Zahl der Negativeinstufungen in den Hauptteilen B und C ermittelt wird.

Der Faktor PF_G kann folgende Ausprägungen haben:

0: Keine Umgestaltung erforderlich
1: Umgestaltung empfehlenswert
2: Umgestaltung äußerst dringend erforderlich

In den nachfolgenden Kapiteln wird die <u>Planungsrelevanz</u> der Aussagen, die mit Hilfe des AET und des TBS-K gewonnen wurden für die Bereiche der <u>Zielplanung</u> und der <u>Systemplanung</u> aufgezeigt und verdeutlicht.

5.2 Entwicklung eines übergeordneten Anforderungsprofils bezüglich des Planungsprozesses

Die Erhebung und Aufbereitung arbeitsorganisatorischer Planungs- und Bewertungsdaten bzgl. der Aufgaben- und Anforderungsstruktur von Arbeitstätigkeiten im Rahmen der Vorplanungsphase bilden eine wichtige Voraussetzung, um in der nachfolgenden Zielplanungsphase die mitarbeiterbezogene Komponente des erweiterten Zielsystems fundiert ableiten zu können.

In den Bildern 20 und 21 sind auszugsweise einige Ergebnisse des AET und des TBS-K für charakteristische Arbeitstätigkeiten in einer NE-Metallgießerei dargestellt /28/.

Wie aus Bild 20 zu entnehmen ist, treten für die klassischen Gießereitätigkeiten "Schmelzen und Schmelztransport", "Kokillengießen", "Entkernen" und "Gußputzen (Bandschleifen)" in den Anforderungsarten "Haltungsarbeit", "statische Haltearbeit" und "schwere dynamische Muskelarbeit" <u>hohe bis sehr hohe Belastungen/Beanspruchungen</u> auf. Aus dieser Tatsache können für die Aufstellung des erweiterten Zielsystems, welches als Anforderungsprofil an den Planungsprozeß angesehen werden kann, unmittelbar die personenbezogenen Zielkriterien

- o "Reduzierung der physischen Belastungen" und
- o "Möglichkeiten zum Belastungswechsel"

abgeleitet werden.

Anforderungsarten / Arbeitstätigkeiten	Schlüsseleinheiten	Haltungsarbeit	Statische Haltearbeit	Schwere dynamische Muskelarbeit	Einseitige dynamische Muskelarbeit
Schmelzen und Schmelze transportieren	100 50 0	50	40	40	20
Kokillengießen	100 50 0	50	80	40	0
Entkernen	100 50 0	80	90	40	0
Bandsägen	100 50 0	50	80	20	0

<u>Bild 20</u>: Ausschnitt aus den Ergebnissen der AET-Erhebungen für typische Gießereitätigkeiten /28/

Analysekriterien / Arbeitstätigkeit		Schmelzen	Kokillengießen	Entkernen	Gußputzen
A1	Zyklusdauer				
A2	Innerbetriebliche Arbeitsteilung				
A3	Vorgeschriebenheit der Arbeitsweise				
A4	Rückmeldungen über Arbeitstätigkeiten				
A5	Routinemäßige Tätigkeitsausführung				
A6	Kooperation				
B1	Freiheitsgrade für Zielsetzungen				
B2	Planen und Entscheiden				
B3	Informationsaufnahme				
B4	Informationsverarbeitung				
C1	Nutzung der beruflichen Vorbildung				
C2	Bleibende Lernerfordernisse				
C3	Kommunikation				
C4	Verantwortung				

Negativbereich

	Schmelzen			Kokillengießen			Entkernen			Gußputzen		
	PF_W	PF_B	PF_G	PF_W	PF_B	PF_G	PF_W	PF_B	PF_G	PF_W	PF_B	PF_G
	+5	3	1	-18	4	2	-38	5	2	-19	4	2

Bild 21: Ausschnitt aus den Ergebnissen der TBS-K-Erhebungen für typische Gießereitätigkeiten /28/

Für den psychischen Bereich der Arbeit ist aus Bild 21 zu entnehmen, daß sehr viele Einstufungen des TBS-K im sogenannten Negativbereich verlaufen, was sich auch an dem negativen Gesamtpunktwert für die Arbeitstätigkeiten "Kokillengießen", "Entkernen" und "Gußputzen" ausdrückt. Einzige Ausnahme bildet dabei das Schmelzen. Weiterhin ist zu erkennen, daß diese direkt produktbezogenen Tätigkeiten nur geringe bis sehr geringe Voraussetzungen für eine persönlichkeitsförderliche Arbeitsgestaltung aufweisen (PF_B = 4) und daß somit für diese Tätigkeiten "äußerst dringende Umgestaltungserfordernisse" bestehen (PF_G = 2).

Aus den Ergebnissen des TBS-K können folgende weitere personenbezogene Zielkriterien für den Soll-Zustand direkt abgeleitet werden:

- o "Möglichkeiten zur Übernahme höherwertiger Tätigkeiten (Umfeldaufgaben)"
- o "Erweiterung des Handlungs- und Entscheidungsspielraumes"
- o "schnellere Rückkopplung bzgl. des Arbeitsergebnisses" und
- o "Möglichkeiten zur Kooperation und Kommunikation".

5.3 Gußbearbeitungsfamilien als Basis zur Bestimmung von Systemgrenze und Systemauftrag

5.3.1 Systemgrenze und Systemauftrag

Ein Planungsschritt mit großer Tragweite innerhalb des gesamten Planungsprozesses stellt für alle Arbeitssysteme, die auf dem Prinzip der Gruppentechnologie aufbauen die Bildung von sogenannten Teile- oder Fertigungsfamilien dar, die entweder auf empirischem oder auf methodischem Wege ermittelt werden können /108/.

Dieser Ordnungsprozeß, an dessen Ende für das Gießereiwesen Gußbearbeitungsfamilien stehen, die nach bestimmten Beurteilungskriterien sortiert und gruppiert wurden, beinhaltet sowohl eine fertigungstechnische als auch eine arbeitswissenschaftliche Aufgabenstellung und weist zudem eine hierarchische Struktur auf.
So wird z.B. über die Bildung von Gußbearbeitungsfamilien nicht nur maßgeblich Einfluß auf die im System zu erfüllenden Aufgaben, den "Systemauftrag" genommen, gleichzeitig werden damit bzgl. der prozeßtechnischen und arbeitsorganistorischen Auslegung des Systems bestimmte Entwicklungspfade im Rahmen der Systemplanung vorgezeichnet.

Für den methodischen Ansatz zur Bildung von Teile- und Fertigungsfamilien wurden vorwiegend im zerspanenden Bereich zahlreiche und z.T. sehr komplexe form- und fertigungsorientierte Klassifizierungssysteme entwickelt und eingesetzt (vgl. auch /7/).
Speziell auf den Gießereisektor bezogen, sind verschiedene Klassifizierungssysteme für jeweils eng begrenzte technische und/oder betriebswirtschaftliche Aufgabenstellungen entwickelt worden /53, 54, 55, 56, 57/.

Allen Verfahren gemeinsam ist die starke Technikorientierung im Hinblick auf die Teile- und Fertigungsfamilienbildung und damit die begrenzte Einsetzbarkeit dieser Verfahren bzgl. der vorliegenden Aufgabenstellung. Aber gerade die sach- und personenbezogenen Erfordernisse bei der Planung Neuer Arbeitsstrukturen auf der Basis des Konzepts einer Fertigungsinsel verlangen für diesen Planungsschritt die Anwendung eines Verfahrens, das folgenden Bedingungen gerecht werden muß:

- o Die Berücksichtigung von fertigungstechnischen <u>und</u> arbeitswissenschaftlichen Kriterien ist bei der Beurteilung des zu klassifizierenden Gußstückspektrums einschließlich der dazugehörigen Bearbeitungsmöglichkeiten sicherzustellen

- o Die fertigungsinselspezifische Forderung nach Komplettbearbeitung der Teile muß im Verfahren Berücksichtigung finden.

Diese zweite Bedingung ist aber gleichzusetzen mit der Forderung nach einem Verfahren, das sich vom Aufbau her am gesamten Herstellungsprozeß der Teile orientieren muß.

In diesem Zusammenhang können für die Bildung von Gußbearbeitungsfamilien unter arbeitswissenschaftlichen Gesichtspunkten folgende arbeitsphysiologischen und arbeitspsychologischen Forderungen erhoben werden:
Für die noch <u>manuell</u> auszuführenden Arbeitstätigkeiten bei der Komplettbearbeitung einer Gußbearbeitungsfamilie innerhalb der Fertigungsinsel muß aus arbeitsphysiologischer Sicht die "Ausführbarkeit" einer Arbeit sichergestellt sein. Die Erträglichkeit der Arbeit sollte entweder aufgrund technischer Maßnahmen, oder falls dies nicht durchführbar ist, aufgrund organisatorischer Maßnahmen durch einen gezielten Belastungswechsel in den Anforderungsarten

- Haltungsarbeit
- statische Haltearbeit
- schwere dynamische Muskelarbeit und
- einseitig dynamische Muskelarbeit

ebenfalls gewährleistet sein.

Aus arbeitspsychologischer Sicht sollten für jeden Mitarbeiter aufgrund seiner Arbeitstätigkeiten gute Voraussetzungen zur Persönlichkeitsförderlichkeit bestehen.

Arbeitsphysiologische Untersuchungen mit dem AET an charakteristischen Gießereiarbeitsplätzen im direkt produktiven Bereich haben gezeigt, daß eine Reduzierung der physischen Belastung bzw. ein

Belastungswechsel bei den direkt produktbezogenen Tätigkeiten durch organisatorische Maßnahmen wie z.B. Job rotation um so besser erreicht werden kann, je stärker die Systemgrenze für das zu konzipierende Arbeitssystem in Richtung auf die zerspanende Weiterbearbeitung von Gußstücken ausgedehnt wird.

Diese Erweiterung über die "klassische Systemgrenze Gießerei" hinaus, in Richtung zerspanender Weiterbearbeitung von Gußstücken ist gleichzusetzen mit einer Erhöhung der Fertigungstiefe innerhalb der Gießereien, wobei die Anforderungen an den zerspanenden Weiterbeareitungsbereich sowohl von den einzusetzenden Fertigungsverfahren als auch von den einzuhaltenden Fertigungstoleranzen in einem weiten Bereich variieren können. Gerade auf den Kokillenguß bezogen genügen vielfach schon einfachere Bohroperationen bzw. Bohr- und Gewindeschneidoperationen, um einbaufertige Teile zu erhalten.
Den wesentlich höheren Losgrößen entsprechend, findet man beim Druckguß meist Sonderbetriebsmittel, wie Rundtaktmaschinen oder Kurztransferstraßen im zerspanenden Weiterbearbeitungsbereich. Dies bedeutete für viele Gießereien nicht selten fertigungstechnisches Neuland. Dennoch ist ein starker Trend für eine erhöhte Fertigungstiefe im Gießereiwesen festzustellen /27/.

Als Vorteile, die mit einer Erhöhung der Fertigungstiefe verbunden sind wurden von den Gießereien ausschließlich Kosten- und Wettbewerbsvorteile genannt wie z.B.:

- frühzeitiges Erkennen von Gußfehlern bei der zerspanenden Weiterbearbeitung noch innerhalb der Gießerei
- Einschmelzen von Ausschuß und Spänen
- gestiegene Nachfrage nach fertig bearbeitetem Guß
- Erhöhung der Kundenbindung an die Gießerei und
- Möglichkeiten bei stagnierendem Gußmarkt zur Erweiterung von Marktanteilen zu gelangen.

Über die Erhöhung der Fertigungstiefe sind damit gute Möglichkeiten zur Erweiterung der "horizontalen Dimension" der Systemgrenze durch die Einbeziehung weiterer anforderungsunterschiedlicher Arbeitsplatztypen gegeben, die jedoch im Bezug auf die Persönlichkeitsförderlichkeit bei den reinen Bedientätigkeiten keinerlei Zuwachs erbringen. Dies beweisen die arbeitspsychologischen Untersuchungen mit dem TBS-K.

Einen deutlichen Anstieg bei diesen vorwiegend als anforderungsarm eingestuften Arbeitsplatztypen in Richtung Persönlichkeitsförderlichkeit ist nur durch die vermehrte Integration sogenannter Umfeldaufgaben, darunter sind überwachende, steuernde und planende Tätigkeiten zu verstehen, gegeben. Mit der Integration dieser produktionsunterstützenden Tätigkeiten wird die vertikale Dimension der Systemgrenze angesprochen.

Eine schematisierte Darstellung dieses Sachverhaltes zeigt Bild 22.

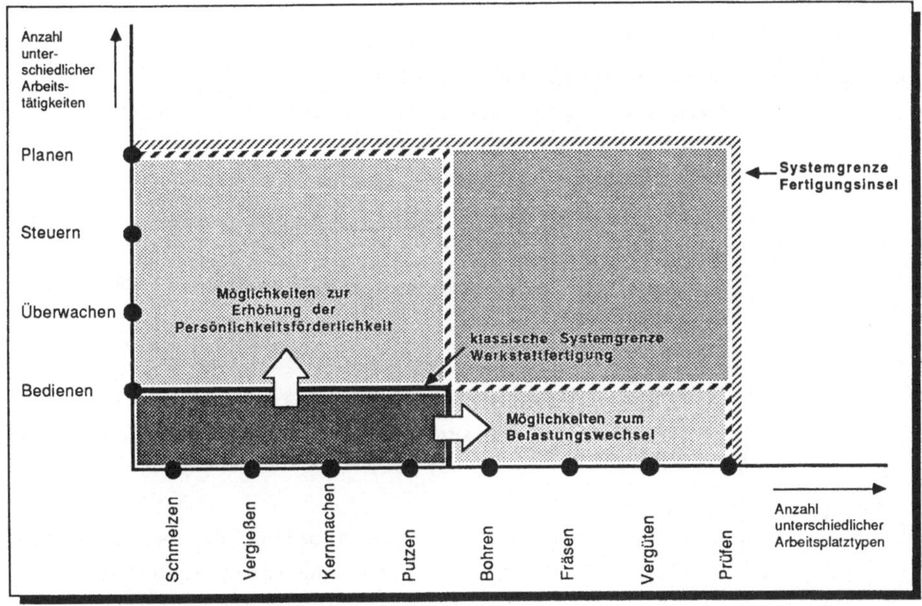

Bild 22: Schematisierte Darstellung zur Ermittlung der Systemgrenze

Während durch die horizontale Komponente schwerpunktmäßig der prozeßtechnische Geschlossenheitsgrad definiert wird, legt die vertikale Komponente der Systemgrenze den arbeitsorganisatorischen Autonomiegrad einer Fertigungsinsel fest.

Unter prozeßtechnischem Geschlossenheitsgrad soll dabei der Quotient verstanden werden, der gebildet wird aus der Summe der prozeßtechnischen Arbeitsgänge für eine bestimmte Teilefamilie, die innerhalb der Fertigungsinsel ausgeführt werden, dividiert durch die Summe aller prozeßtechnischen Arbeitsgänge, die zur Komplettherstellung des Teiles benötigt werden.
Allgemein kann dieser Sachverhalt durch folgende Formel ausgedrückt werden:

$$(1) \quad G_P = \frac{1}{n} \sum_{j=1}^{n} \left(\frac{1}{m_j} \sum_{i=1}^{m_j} AG_{ji} \right)$$

mit G_P prozeßtechnischer Geschlossenheitsgrad

n Anzahl der Produkte einer Teilefamilie $n \in \mathbb{N}$

m_j Anzahl der prozeßtechnischen Arbeitsgänge zur Komplettbearbeitung des Produktes j mit $(j = 1, \ldots n)$; $m_j \in \mathbb{N}$

AG_{ji} i-ter prozeßtechnischer Arbeitsgang des Produktes j mit $(i = 1, \ldots m_j;\ j = 1, \ldots n)$

$$AG_{ji} = \begin{cases} 0 & \text{i-ter prozeßtechnischer Arbeitsgang des Produktes j wird nicht innerhalb der Fertigungsinsel ausgeführt} \\ 1 & \text{i-ter prozeßtechnischer Arbeitsgang des Produktes j wird innerhalb der Fertigungsinsel ausgeführt.} \end{cases}$$

Wenn also alle prozeßtechnischen Arbeitsgänge, die zur Komplettbearbeitung einer Teilefamilie innerhalb der Fertigungsinsel ausgeführt werden, beträgt der prozeßtechnische Geschlossenheitsgrad: 1.

Eine entsprechende Definition kann für den arbeitsorganisatorischen Geschlossenheitsgrad (Autonomiegrad) einer Fertigungsinsel gegeben werden. Unter arbeitsorganisatorischem Geschlossenheitsgrad soll dabei der Quotient verstanden werden, der gebildet wird aus der Summe aller produktbezogenen/produktionsunterstützenden Arbeitstätigkeiten, die bei der Herstellung einer Teilefamilie innerhalb des Zuständigkeitsbereiches der Fertigungsinsel ausgeführt werden, dividiert durch die Summe aller produktbezogenen/produktionsunterstützenden Arbeitstätigkeiten, die zur Komplettbearbeitung dieser Teilefamilie benötigt werden.
Damit läßt sich der arbeitsorganisatorische Geschlossenheitsgrad wie folgt formelmäßig ausdrücken:

$$(2) \quad G_A = \frac{1}{n} \sum_{j=1}^{n} \left(\frac{1}{r_j} \sum_{k=1}^{r_j} AT_{jk} \right)$$

mit G_A arbeitsorganisatorischer Geschlossenheitsgrad (Autonomiegrad)

n Anzahl der Produkte in einer Teilefamilie $n \in \mathbb{N}$

r_j Anzahl der produktbezogenen/produktionsunterstützenden Arbeitstätigkeiten zur Komplettbearbeitung des Produktes j mit $(j = 1,\ldots n)$; $r_j \in \mathbb{N}$

AT_{jk} k-te produktbezogene/produktionsunterstützende Arbeitstätigkeit des Produktes j mit $(k = 1, \ldots r_j;\ j = 1, \ldots n)$

AT_{jk} =
- 0 k-te produktbezogene/produktionsunterstützende Arbeitstätigkeit des Produktes j wird nicht innerhalb der Fertigungsinsel ausgeführt
- 1 k-te produktbezogene/produktionsunterstüztende Arbeitstätigkeit des Produktes j wird innerhalb der Fertigungsinsel ausgeführt.

5.3.2 Bildung von Gußbearbeitungsfamilien

Ein methodischer Ansatz zur Bildung von Gußbearbeitungsfamilien, der den speziellen Planungsanforderungen bei der Konzeption von Fertigungsinseln gerecht werden will muß erstens seiner hierarchischen Struktur entsprechend stufenweise ablaufen und sich zweitens am gesamten Herstellungsprozeß der Gußstücke orientieren. Eine Sonderstellung im Fertigungsablauf nehmen dabei, aufgrund ihrer starken Auswirkungen auf vor- und nachgelagerte direkte und indirekte Bereiche, die Gießverfahren ein.

In einer ersten Stufe dieses hierarchischen Ordnungsprozesses wird daher das gesamte Gießereierzeugnisprogramm nach Gießverfahren sortiert und zur weiteren Differenzierung in getrennte Klassen eingruppiert. Auszugsweise sind die hierbei zur Anwendung kommenden Gießverfahren nach /112/ in Bild 23 dargestellt.

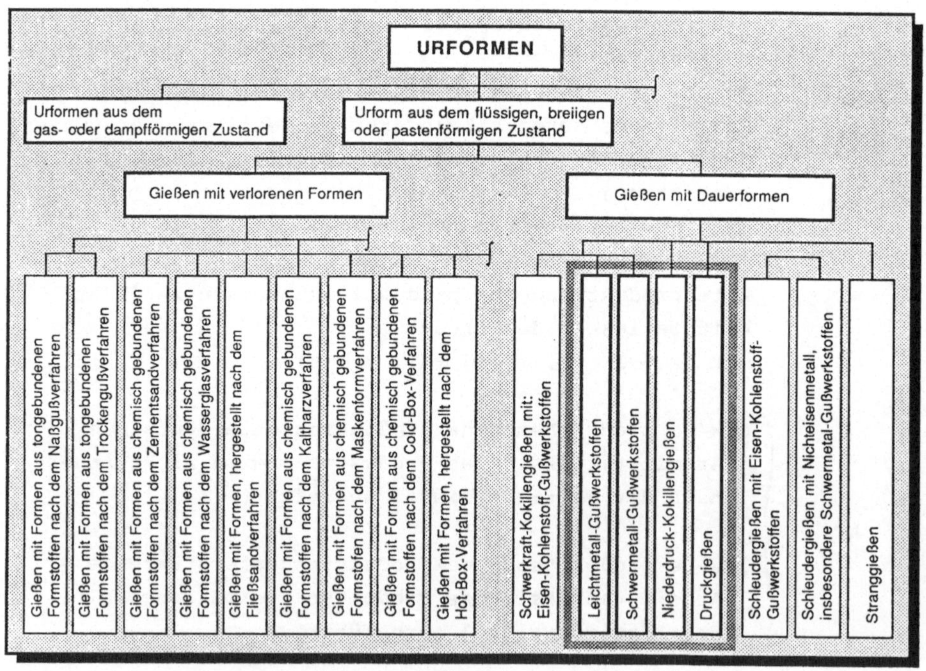

Bild 23: Einteilung der Gießverfahren nach /112/

Aufbauend auf dieser verfahrenstechnischen Eingrenzung des zu produzierenden Gußstückspektrums, ergeben sich für den Gegenstandsbereich dieser Arbeit im Hinblick auf die Bildung von Gußbearbeitungsfamilien folgende, getrennte Ausgangsbereiche:

- Schwerkraft-Kokillengießen mit Leichtmetall Gußwerkstoffen
- Schwerkraft-Kokillengießen mit Schwermetall Gußwerkstoffen
- Niederdruck Kokillengießen und
- Druckgießen.

Innerhalb dieser nach Gießverfahren abgegrenzten Untersuchungsbereiche muß zur Bildung von Gußbearbeitungsfamilien eine weitere Spezifizierung vorgenommen werden. Vor allem unter dem Aspekt der Komplett-Bearbeitung eignet sich hierfür das von EL Essawy /109/ entwickelte Verfahren der Teileflußanalyse (Component Flow Analysis).

Bezogen auf das Gießereiwesen bilden der Arbeitsplan und die darin enthaltene Arbeitsablauffolge zur Herstellung eines Gußstückes die wesentliche Analyse- und Sortierungsgrundlage. Aus dem Arbeitsplan kann die fertigungstechnische Zuordnung zwischen herzustellendem Gußstück und einzusetzenden Betriebsmittel für jede Arbeitsfolge im Rahmen der Gußteileflußanalyse entnommen werden. Gußteil, Arbeitsfolge und Betriebsmittel werden für den weiteren Sortierungsprozeß mit Hilfe einer Übersichtsmatrix in Beziehung gesetzt.

Die sich daran anschließende Sortierung der Gußteile nach der Ähnlichkeit der Arbeitsfolgen und deren numerisch geordnete Auflistung nach der Anzahl der Arbeitsfolgen, die zur Komplettbearbeitung eines Teiles benötigt werden, beruht einerseits auf den Erkenntnissen, die mit Hilfe des AET und TBS-K im Gießereiwesen im Hinblick auf eine personalorientierte Arbeitsgestaltung gewonnen wurden und andererseits auf den betriebswirtschaftlichen Erfahrungen, die mit Fertigungsinseln im zerspanenden Bereich gemacht wurden /110/.
Dieser Art der Sortierung liegen folgende Annahmen zugrunde:

Je größer die Anzahl unterschiedlicher Arbeitsfolgen ist, die ein Gußstück zu seiner Herstellung benötigt,

- desto mehr produktbezogene Tätigkeiten fallen - konstanter Automatisierungsgrad vorausgesetzt - im Arbeitsprozeß an, die unterschiedliche Belastungsanforderungen an die Arbeitskraft stellen und somit günstige Voraussetzungen zum Belastungswechsel bieten

- desto mehr produktionsunterstützende Tätigkeiten (Umfeldaufgaben) stehen für eine Integration in die Fertigungsinsel zur Verfügung und

- desto größer sind die Rationalisierungseffekte bzgl. der Reduzierung von Durchlaufzeiten, Kapitalbindung und organisatorischen Reibungsverlusten, die mit der Einführung von Fertigungsinseln erreicht werden können.

Das Ergebnis dieses Sortierungsprozesses stellen Ablauffamilien dar, die hinsichtlich Art und Anzahl von Arbeitsfolgen ähnlich sind.

Bild 24 zeigt auszugsweise diesen Sortierungsprozeß zur Bildung von Ablauffamilien im Untersuchungsbereich der Schwerkraft-Kokillengießerei mit Leichtmetall-Gußwerkstoffen, auf deren Basis die Umplanung und die Realisierung einer Fertigungsinsel beruht, die in Kapitel 6 beschrieben wird.
Wie aus Bild 24 hervorgeht, sind in den Ablauffamilien I bis III vorwiegend Gußstücke enthalten, die eine erhöhte Fertigungstiefe aufgrund zusätzlicher Zerspanoperationen aufweisen.

Auf der Basis dieser erzeugten Ablauffamilien können für den in der Regel niedrig mechanisierten Schwerkraft-Kokillenguß mit seinen universell einsetzbaren Betriebsmitteln, wie z.B. Kokillengießböcken, Bandsägen und Bandschleifmaschinen, und unter Berücksichtigung von Zeit- und Mengenangaben für die in den Ablauffamilien enthaltenen Gußstücke unmittelbar Gußbearbeitungsfamilien durch Splitten oder Zusammenfügen einzelner oder mehrerer Ablauffamilien nach kapazitiven Gesichtspunkten gebildet werden.

Arbeitsgang	Arbeitsplatztyp / Betriebsmittelgrundausstattung \ Gußteilenummer	1165	1156	1148	1169	1190	1191	1101	1157	1150	1111	1143	1170	1079	1151	1168	1167	1162	1126	1181	1029	1030	1198	1134	1012	1011
Kernmachen	Kernschieß-maschinen			X	X	X	X																			
Schmelzen	Feststehende Schöpföfen, brennstoffbeheizt	X	X	X	X	X	X	X	X	X	X	X	X	X	X	X	X	X	X	X	X	X	X	X	X	X
Vergießen	Kokillengieß-maschine	X	X	X	X	X	X	X	X	X	X	X	X	X	X	X	X	X	X	X	X	X	X	X	X	X
Entkernen	Handarbeitsplatz "Entkernen"			X	X	X	X																			
Sägen	Bandsägen	X	X	X	X	X	X	X	X	X	X	X	X	X	X	X	X	X	X	X	X	X	X	X	X	X
Feilen	Handarbeitsplatz "Feilen"			X	X			X		X	X	X	X	X	X	X	X	X			X	X				
Stanzen	Abgratpressen	X	X						X				X													
Schleifen	Bandschleif-maschinen	X	X	X	X	X	X	X	X	X	X	X	X	X	X	X	X	X	X	X	X	X	X	X	X	X
Richten	Handarbeitsplatz "Richten"	X	X		X									X	X											
Bohren und Gewinde-schneiden	Einständer-bohrmasdhine	X	X			X	X	X																		
	Mehrspindel-bohrmaschine								X		X	X														
Fräsen	Fräsmaschine	X	X			X	X		X	X	X															
Waschen	Waschmaschine	X	X	X	X	X	X	X	X	X	X	X	X	X	X	X	X	X	X	X				X		
Wärme-behandeln	Ofen							X						X	X								X			
Abpressen	Abpress-vorrichtung	X	X	X				X		X		X	X													
Arbeitsfolgen-Summen-Profil																										
Ablauffamilien		I		II				III								IV			V					VI		

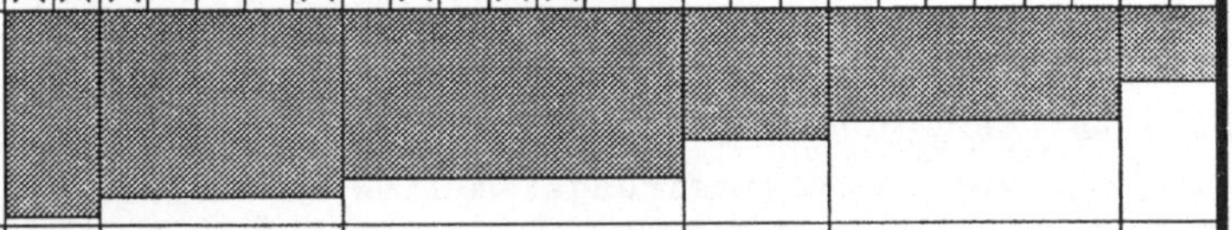

Bild 24: Ermittlung von Ablauffamilien als Basis zur Bildung von Gußbearbeitungsfamilien im Kokillenguß

Ein höherer Differenzierungsgrad ist bei der Bildung von Gußbearbeitungsfamilien aufgrund der wesentlich stärkeren Spezialisierung zwischen Produkteigenschaften und Betriebsmittelauslegung im Druckguß gegeben.

Bild 25 zeigt daher den generellen Zusammenhang von Produkteigenschaften und Maschinen-Merkmalen, bezogen auf das Fertigungsverfahren "Druckgießen".

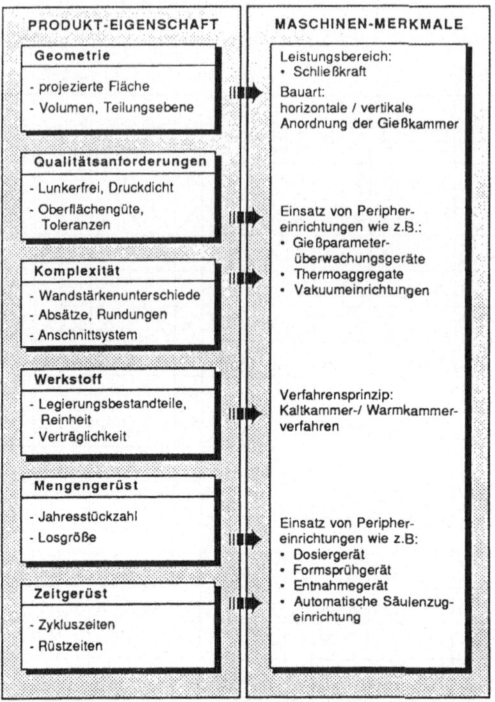

Bild 25: Fertigungstechnische und kapazitive Merkmale zur Bildung von Gußbearbeitungsfamilien im Druckguß

Diese Maschinen-Merkmale stellen weitere Differenzierungsmöglichkeiten zur systematischen Ableitung von Gußbearbeitungsfamilien z.B. mit Hilfe des morphologischen Kastens dar (Bild 26).

Vor allem aus Gründen der Produktionsflexibilität und Qualitätssicherung sollten die Bearbeitungsfamilien - wenn dies von der Auslastung her vertretbar ist unter der Zielsetzung eines "homogenen" Betriebsmittelbedarfes gebildet werden.

Ein homogener Betriebsmittelbedarf liegt dann vor, wenn die benötigten Betriebsmittel bezogen auf wesentliche Maschinen-Merkmale den gleichen Ausprägungskategorien zuzuordnen sind (Bild 26).

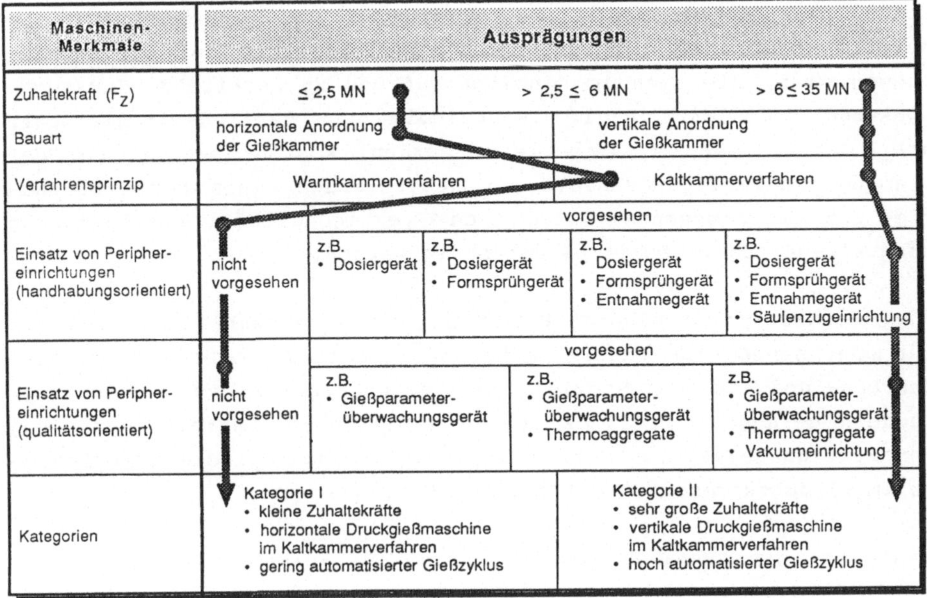

Bild 26: Morphologischer Kasten zur Ableitung von Gußbearbeitungsfamilien im Druckguß

Damit lassen sich beispielsweise Gußstücke, deren Herstellung auf "Druckgießmaschinen der Kategorie I" fertigungstechnisch grundsätzlich möglich ist, unter Berücksichtigung von Zeit- und Mengenangaben zu entsprechenden Gußbearbeitungsfamilien zusammenfassen.

Aufgrund der so ermittelten Gußbearbeitungsfamilien und unter der Maßgabe einer Komplettbearbeitung dieses Gußteilespektrums, ist der prozeßtechnische Geschlossenheitsgrad der Fertigungsinsel maßgeblich festgelegt.

5.4 Festlegung von Fertigungstechnologien und Betriebsmittelgrundausstattungen

Obwohl das Schwergewicht bei Planungen im Gießereiwesen, wie bereits in Kapitel 4 ausgeführt wurde, eindeutig bei Umplanungen liegen wird, die sich im Hinblick auf das zu fertigende Gußstückspektrum und damit bzgl. Technologie- und Betriebsmitteleinsatz stark am Ist-Zustand orientieren werden, können speziell bei der Planung von Fertigungsinseln zur Realisierung eines hohen Autonomie- und Geschlossenheitsgrades der Fertigungsinsel Anschaffungen zusätzlicher Betriebsmittel notwendig werden.

Für die dadurch anstehende Entscheidung und Auswahl eines Planers für oder gegen eine bestimmte Technologie sind aber nicht nur verfahrens- und hardwarespezifische Gesichtspunkte von Bedeutung, sondern gerade im Hinblick auf eine personalorientierte Auslegung von Fertigungssystemen müssen arbeitswissenschaftliche Erkenntnisse im Planungsprozeß integriert beachtet und umgesetzt werden.

Im Rahmen eines vom Bundesministerium für Forschung und Technologie geförderten Projektes wurde deshalb eine Technologieanalyse bei den führenden Gießereimaschinenherstellern vorwiegend in der Bundesrepublik und dem benachbarten europäischen Ausland durchgeführt /28/. Die wesentlichen Ergebnisse, die aufgrund dieser Expertenbefragungen gewonnen wurden, sind in sogenannten Technologie-Bewertungs-Matrizen dargestellt worden (vgl. hierzu auch /111/).

Diese Technologie-Bewertungs-Matrizen, deren Aussagerelevanz vor allem im Hinblick auf Neuplanungen von besonderem Interesse ist, stellen den Versuch dar, den äußerst komplexen Gegenstandsbereich der wichtigsten Gießereitechnologien anhand planungsrelevanter Gesichtspunkte zu bewerten und für den Planer in operationaler Form aufzubereiten. Folgende Technologiekreise wurden in diese Untersuchung mit einbezogen: "Schmelzen", "Kernherstellen", "Formherstellen", "Putzen", "Druckgießen" und "Kokillengießen".

Stellvertretend sei hier für alle anderen Technologiekreise der Technologiekreis: "Kokillengießen" herangezogen. Eine ausführliche Darstellung dieses Technolgiekreises wie auch aller anderen oben angeführten Technologiekreise findet sich in /28/.

Im folgenden wird der Technologievergleich für das Gießverfahren "Kokillengießen", der anhand unterschiedlicher Beurteilungskriterien durchgeführt wurde, in einer ergebnisorientierten Darstellung (Bild 27) kurz vorgestellt.

Legende

● 1 sehr gut, 2 gut, 3 befriedigend, 4 schlecht, 5 sehr schlecht

○ 1 hoch, 2 mittel, 3 niedrig, 4 sehr niedrig

	BEURTEILUNGS-KRITERIEN	Verfahrensspezifische Kriterien				Hardwarespezifische Kriterien										Arbeitswissenschaftliche Kriterien							Wirtschaftliche Kriterien	
						Anlagentechnik							Anlagenflexibilität bzgl.			Entkopplung		Arbeitssicherheit			Qualifikation bzgl.			
		Gießzeit	Gußqualität	Anteil Kreislaufmaterial	Steuerbarkeit der Gießgeschwindigkeit	Schmelzbeschickung und Schmelzbehandlung	Raumbedarf	Komplexität der Anlage	Automatisierbarkeit der Metalldosierung	Automatisierbarkeit des Schlichtvorgangs	Automatisierbarkeit des Kerneinlegens	Automatisierbarkeit der Gußstückentnahme	unterschiedlichem Ausbringungsverhalten	unterschiedlichen Gußstücken (Qualität, Form)	unterschiedlicher Kapazitätsstellung	Platzgebundenheit	Taktgebundenheit	Emissionen	Unfallgefahren	Physische Belastungen	Bedientätigkeiten	Umfeldaufgaben (Einrichten, Instandsetzen)	Fixe Kosten (Anlagen- und Werkzeugkosten)	Variable Kosten (Energie- und Instandhaltungskosten)
KOKILLEN-GIESSVERFAHREN		○	●	○	●	●	○	○	●	●	●	●	○	○	○	○	○	○	○	○	○	○	○	○
Leichtmetall	Schwerkraftgießen	3	3	1	3	1	3	3	2	3	3	2	3	1	2	3	4	2	2	1	3	2	3	3
Leichtmetall	Kippgießverfahren	3	2	1	2	1	3	2	3	3	2	1	3	1	2	3	4	2	2	1	3	2	2	2
Leichtmetall	Kipptiegelverfahren	3	1	3	2	3	3	2	1	3	3	2	3	2	3	3	4	3	3	2	3	2	2	2
Leichtmetall	Niederdruckverfahren	1	1	3	1	3	2	1	1	3	3	2	4	3	4	2	4	3	3	3	3	1	1	1
Leichtmetall	Niederdruckgießen mit elektromagnetischer Pumpe	1	1	3	1	1	1	1	1	3	3	2	4	3	4	2	4	3	3	3	3	1	1	1
Schwermetall	Gravicastverfahren	1	1	3	1	3	3	1	1	1	2	1	4	3	4	2	3	2	3	2	3	1	1	1
Schwermetall	Kippgießverfahren	3	2	1	2	1	2	3	3	1	2	1	3	1	2	3	3	1	2	1	3	2	2	2
Schwermetall	Niederdruckverfahren	1	1	3	1	3	2	1	1	1	2	1	4	3	4	2	3	2	3	2	3	1	1	1

Bild 27: Technologie-Bewertungs-Matrix: "Kokillengießen" in Anlehnung an /111/

Nachfolgend soll auszugsweise auf einige Kriterien des Beurteilungsrasters innerhalb dieser Technologie-Bewertungs-Matrix eingegangen werden /28, 111/.

- <u>Gießzeit:</u> Die Gießzeit hängt stark vom Gießverfahren ab und ist beim Niederdruckverfahren, bei dem die Formfüllung entgegen der Schwerkraft über Druckbeaufschlagung des Schmelzbades von "unten nach oben" erfolgt, länger als beim Schwerkraft-Kokillenguß. Der gleiche Sachverhalt trifft auch für die dem Niederdruckverfahren ähnlichen Verfahren wie "Gravicast" und "Niederdruckverfahren mit elektromagnetischer Pumpe" zu.

- <u>Gußqualität:</u> Die Formfüllung von "unten" bei den Niederdruckverfahren bewirkt durch
  - ruhige, quasilaminare Metallströmung
  - leichtes Abziehen der zu verdrängenden Gießgase
  - sehr gute Speisung und
  - das weitgehend geschlossene System

  eine hohe Qualität der Gußstücke. Auch beim Kippgießen können infolge der gleichmäßigen Metallströmung bei der Kippbewegung und der Möglichkeit die Gießgeschwindigkeit zu variieren, Gußstücke mit guten Qualitätseigenschaften hergestellt werden. Wegen des geschlossenen Systems und der guten Speisung durch den statischen Druck des Metallbades lassen sich beim Kipptiegel-Verfahren ähnlich qualitativ hochwertige Gußstücke wie bei den Niederdruck-Verfahren erzielen.

- <u>Komplexität der Anlage:</u> Die Schwerkraft-Kokillengießverfahren weisen im allgemeinen nur einen geringen Automatisierungsgrad im Hinblick auf "Metalldosieren", "Schlichten" (Formsprühen), "Kerneinlegen" und "Gußstückentnahme" auf. Hier finden sich noch vielfach einfache Kokillengießvorrichtungen und Kokillengießmaschinen mit Handauslösung aller notwendigen Kokillenbetätigungen, z.B. Öffnen und Schließen der Kokille, Ein- und Ausfahren von Dauerkernen. Im Vergleich zu den anderen Verfahren werden nur in geringem Maße Maschinen mit automatisiertem Arbeitsablauf eingesetzt.
  Beim "Gravicast" - und den anderen im Schwermetall eingesetzten Gießverfahren - erfolgt die Gußstückentnahme vorzugsweise automatisch.

- o <u>Automatisierbarkeit</u> der Metalldosierung: Das Einfüllen der Schmelze in die Kokille erfolgt beim Niederdruckverfahren und beim Kipptiegelverfahren automatisch. Durch den Einsatz von mechanischen Metalldosiergeräten (Löffel) ist beim konventionellen Schwerkraftgießen eine Automatisierung ebenfalls möglich. Grundsätzlich trifft dies auch beim Kippgießen zu, jedoch sind hier die Anforderungen an die Dosiereinrichtungen wegen der Schwenkbewegung höher. (Speziell auf die Möglichkeiten der Automatisierbarkeit von Arbeitsabläufen im Druckgußbereich wird in Kapitel 5 gezielt eingegangen, wobei damit unterschiedliche Voraussetzungen für eine personalorientierte Auslegung im Hinblick auf die Belastungssituation und die Persönlichkeitsförderlichkeit der menschlichen Arbeit im Fertigungsbereich geschaffen werden).

- o <u>Flexibilität</u> bzgl. unterschiedlichen Ausbringungsverhaltens: Da die zeitbestimmenden Anteile eines Arbeitszyklusses vor allem beim stärker mechanisierten Kokillengießen die Speisungszeit und die Erstarrungszeit darstellen /112/, ist eine Variation dieser Zeitanteile nach "oben oder unten" aus verfahrenstechnischen Gründen nur in eng begrenztem Maße möglich. Somit kann die Flexibilität bzgl. unterschiedlichem Ausbringungsverhalten für alle Kokillengießverfahren als gering bis sehr gering eingestuft werden.

- o <u>Taktgebundenheit:</u> Im allgemeinen existiert bei Kokillengießböcken bzw. Kokillengießmaschinen keine Taktgebundenheit, d.h. keine unmittelbare Abhängigkeit des Maschinenbedieners vom Arbeitstakt der Maschine, da im Gegensatz zu halbautomatisierten Druckgießmaschinen keine starren Zykluszeiten durch die Maschine vorgegeben werden. Der Arbeitszyklus wird hier in der Regel vom Bediener ausgelöst. Ausnahmen hiervon stellen hochautomatisierte Gießkarusselle für die Großserienproduktion von Gußstücken dar, die in klein- und mittelständischen Gießereibetrieben nur vereinzelt Anwendung finden. Hier können je nach installiertem Automatisierungsgrad starke Taktgebundenheit durch das Einlegen von Kernen bzw. durch die Notwendigkeit der manuellen Gußstückentnahme auftreten.

- Physische Belastungen: Im allgemeinen liegen beim manuellen Schwerkraft-Kokillengießen aufgrund des niedrigen Automatisierungsniveaus hohe physische Belastungen beim Metalldosieren und bei der Gußstückentnahme vor. Eine Reduzierung dieser Belastungen an vorhandenen Maschinen durch technische Maßnahmen, z.B. über sogenannte Periphereinrichtungen wie das Metalldosiergerät oder ein Entnahmegerät, setzt erstens ein relativ homogenes Gußstückspektrum mit großen Stückzahlen und zweitens ein Anpassen der Maschinensteuerung an die Steuerung der Periphereinrichtungen voraus. Die Schaffung dieser Voraussetzungen bereitet gerade bei Umplanungen z.T. erhebliche Probleme. In der Regel bewirken die verfahrenstechnischen Unterschiede auch unterschiedliche Automatisierungsgrade für den Bau sogenannter Standardmaschinen. Daher ist es zu erklären, daß beim Niederdruckverfahren geringere physische Belastungen für den Maschinenbediener auftreten als beim Schwerkraft-Kokillengußverfahren, weil hier z.T. stark belastende Tätigkeiten automatisiert ablaufen wie z.B. die Formfüllung.

- Qualifikatorische Anforderungen: Im Gegensatz zum Bedienen, ergeben sich bei der Wartung und beim Instandsetzen wesentlich stärkere mentale Anforderungen aus der Arbeitstätigkeit heraus. Die relativ einfachen Maschinen - vom Aufbau her gesehen - wie sie z.B. beim Schwerkraftkokillengießen und beim Kippgießen Anwendung finden, stellen hierbei geringere Anforderungen an das Qualifikationsniveau als die anderen Verfahren, die im Hinblick auf ihre maschinentechnische Auslegung z.T. über elektronische und hydraulische Steuerungen betrieben werden müssen.

- Werkzeugkosten: Wie bei allen Dauerformverfahren sind die Kosten für die Werkzeuge beim Kokillengießen hoch. Hinsichtlich der einzelnen Kokillengießverfahren treten nur unwesentliche Unterschiede bezogen auf die gesamten Werkzeugkosten auf.

Zusammenfassend läßt sich vor allem in Bezug auf Neuplanungen feststellen, daß durch die Einbeziehung der Ergebnisse aus den Technologievergleichen in den Planungsprozeß technische Restriktionen minimiert werden können und damit günstige Voraussetzungen

seitens der prozeßtechnischen Systemkomponente für eine personalorientierte Auslegung von Fertigungsinseln geschaffen werden können.
Voraussetzung hierfür ist allerdings, daß sich die Technologievergleiche auf alle Arbeitsfolgen, die zur Herstellung eines Gußstückes benötigt werden, beziehen.

5.5 Festlegung einer geeigneten Fertigungssteuerungskonzeption

Schon seit längerem wurde auf die Notwendigkeit von organisatorischen Anpassungen bei Neuen Arbeitsstrukturen im Hinblick auf Qualifizierungs-, Entlohnungs- und Fertigungssteuerungsfragen hingewiesen und entsprechende Neukonzeptionen wurden im Rahmen von Forschungsprojekten entwickelt und für die Bereiche Teilefertigung und Montage praxisnah erprobt (vgl. hierzu u.a. /113, 114, 115, 116/).

Vor allem für die kurzfristige Fertigungssteuerung - auch Werkstattsteuerung genannt - haben sich die zentralisierten, deterministisch aufgebauten Fertigungssteuerungssysteme mit und ohne EDV-Unterstützung für eine menschengerechte Arbeitsgestaltung auf der ausführenden Werkstattebene als ungeeignet, ja sogar als hinderlich erwiesen (vgl. hierzu u.a. /117, 118, 119/).

Diese Fertigungssteuerungsprinzipien, die formal den Anspruch erheben, teilebezogen bis hinunter auf die Arbeitsplatz- und Vorrichtungsebene zeitgenau einzelne Arbeitsfolgen steuern zu können, konnten vor allem bei der Klein- und Mittelserienproduktion ihren Anspruch in der Praxis auf der operativen Ebene nicht einlösen (vgl. hierzu u.a. /119/). Auf der personellen Ebene der Werkstattmitarbeiter werden diese Systeme als sogenannte "Einzelsteuerungen" wahrgenommen weil die zentrale Fertigungssteuerung nur jeweils einen Auftrag nach dem anderen dem Maschinenbediener zur Bearbeitung zuteilt. Dadurch wird die Reihenfolge der Auftragsbearbeitung von der Fertigungssteuerung starr vorgegeben und vom Maschinenbediener wird eine zeitnahe An- und Abmeldung der Aufträge verlangt, bei gleichzeitiger engmaschiger Kontrolle und Überwachung durch das Fertigungssteuerungspersonal.

Diese Soll-Vorgaben der Fertigungssteuerung an den Werkstattmitarbeiter, die Menge, Zeit und Ort einer zu erbringenden Arbeitsleistung genau fixieren, führen auf der ausführenden Ebene zu einer hohen Fremdbestimmung des Mitarbeiters. Diese Art von Steuerungskonzeption verhindert somit die Schaffung von dispositiven Freiräumen, wie sie von Neuen Arbeitsstrukturen gefordert werden, um den Mitarbeitern erweiterte Handlungsspielräume zu ermöglichen (vgl. hierzu /118/).

Speziell unter der Zielsetzung eines erweiterten Tätigkeits-, Entscheidungs- und Interaktionsspielraumes für die Werkstattmitarbeiter wurden und werden zur Zeit Fertigungssteuerungssysteme entwickelt, die auf der Bildung sogenannter Auftrags- oder Arbeitsvorräte beruhen und auch als "Bündelsteuerung" bezeichnet werden /118, 119/.
Im Gegensatz zu den zentralisierten Totalplanungssystemen der Einzelsteuerung, stellen diese Konzepte dezentrale Rahmenplanungen dar, die den Werkstattmitarbeiter mit seinen planerischen und organisatorischen Fähigkeiten als festen Bestandteil des Gesamtsteuerungskonzeptes betrachten und ihm personelle Steuerungsleistungen ausdrücklich zubilligen (vgl. u.a. /118, 119/).

Bezogen auf den zeitlichen Anfall von Planungs- und Steuerungsaktivitäten können diese Rahmenplanungskonzeptionen in eine langfristige und mittelfristige Planung sowie in eine kurzfristige Planung und Steuerung untergliedert werden (vgl. hierzu auch /113, 120/).

Die Bildung von Fertigungsaufträgen und deren Zusammenfassung zu Auftrags- bzw. Arbeitsvorräten für die einzelnen Fertigungsinseln kann dabei entweder manuell oder mit EDV-Unterstützung, z.B. durch sogenannte Produktions-Planungs- und Steuerungssysteme (PPS), erfolgen und gehört zum Aufgabenbereich der mittelfristigen Auftragseinplanung und Disposition /7/.

Pro Fertigungsinsel wird bei der Rahmenplanungskonzeption, bezogen auf die Funktionen Termin- und Mengenplanung, für einen bestimmten Planungshorizont ein Arbeitsvorrat gebildet, dessen Aufträge zur Terminierung für die Fertigungsinsel jeweils mit einem frühstmöglichen Start- und einem spätestmöglichen Endtermin versehen sind.

Für den Druck- und Kokillengießbereich ergibt sich aufgrund der in einer Umfrage ermittelten Fertigungslosgrößenverteilung ein zeitlicher Planungshorizont für die Auftragsvorratsbildung zwischen einer und vier Wochen /27/. Die Disposition von Formwerkzeugen, Kernbüchsen, Periphergeräten wie z.B. Entnahmegeräte, Formsprühgeräte, Dosiergeräte, die keinen festen Bestandteil der Fertigungsinsel darstellen, also vom betrieblichen Umfeld erst in die Fertigungsinsel zur Auftragsabwicklung eingebracht werden müssen, ist dabei auf den frühest möglichen Zeitpunkt zu terminieren.

Für die technisch-organisatorische Auftragsabwicklung auf der operativen Ebene, d.h. für die Durchsetzung und Einhaltung der durch die mittelfristige Fertigungssteuerung vorgegebenen Eckdaten bzgl.

- Termin
- Mengen
- Qualität und
- Kosten

zeichnet die Arbeitsgruppe der Fertigungsinseln je nach installiertem Autonomiegrad in unterschiedlichem Maße verantwortlich.

Für die Planung der Fertigungssteuerung in Neuen Arbeitsstrukturen können damit für die Festlegung des prinzipiellen Steuerungskonzeptes folgende Aussagen abgeleitet werden:
Aufgrund der zuvor geschilderten Nachteile sind zentralisierte, deterministisch aufgebaute Fertigungssteuerungssysteme für die kurzfristige Fertigungssteuerung innerhalb der Fertigungsinsel abzulehnen.

Ein dezentrales Steuerungssystem für den direkt produktiven Bereich der Fertigungsinsel, wie es z.B. das Konzept der Bündelsteuerung basierend auf der Bildung von Arbeitsvorräten darstellt und das den Werkstattmitarbeitern ein Höchstmaß an dispositiven Freiräumen ermöglicht, kann als geeignete Steuerungskonzeption für die Fertigungsinsel angesehen werden.

In Bild 28 ist der prinzipielle Aufbau und Ablauf einer Bündelsteuerung dargestellt (vgl. hierzu v.a. /7, 120, 121/).

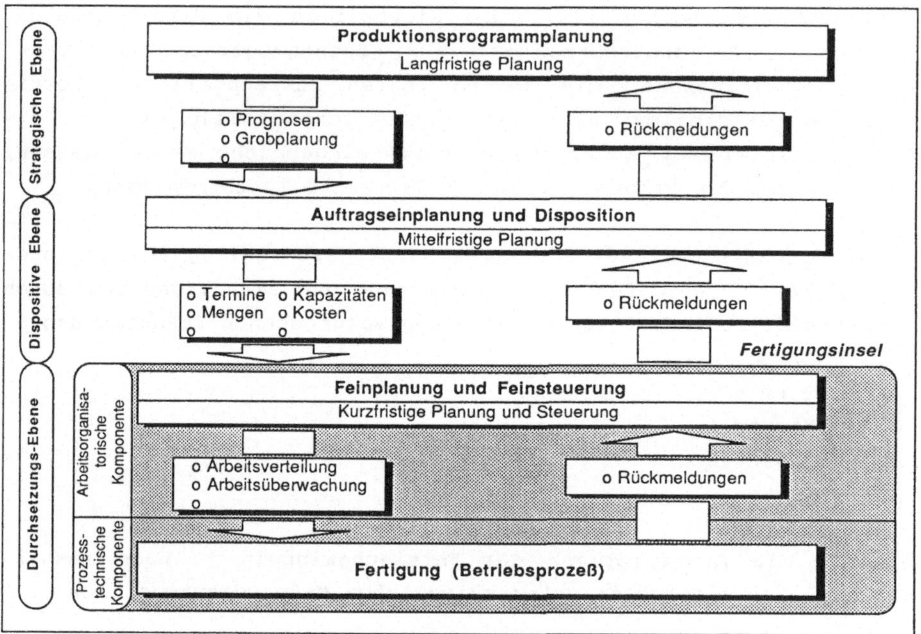

Bild 28: Prinzipieller Aufbau einer Bündelsteuerung für Fertigungsinseln

Welcher arbeitsorganisatorische Autonomiegrad letztendlich in einer Fertigungsinsel eingeplant werden kann, hängt aber nicht nur von dem installierten Konzept der Fertigungssteuerung ab, sondern wird ebenfalls sehr stark von anderen betrieblichen Einflußgrößen mitbestimmt, auf die im folgenden näher eingegangen wird.

5.6 Ableitung und Beurteilung der Übertragbarkeit von Umfeldaufgaben

Das Konzept der Fertigungsinsel beruht neben dem Prinzip der Gruppentechnologie auf dem "Zurückgeben" von Tätigkeitsfeldern und Entscheidungsspielräumen aus den indirekt produktiven Bereichen an die operative Ebene der Fertigungsinsel. Die indirekt produktiven Bereiche lassen sich nach /122/ in

- übergeordnete
- vorgelagerte
- begleitende und
- nachgelagerte

Bereiche unterteilen. Sie bilden das Ausgangspotential für die Verlagerung von Umfeldaufgaben in den Zuständigkeitsbereich der Fertigungsinsel (Bild 29). Vor allem die drei letztgenannten Bereiche sind im Hinblick auf ihre Produktionsnähe für die Entwicklung alternativer arbeitsorganisatorischer Lösungen von besonderem Interesse (vgl. hierzu /7/).

Bezogen auf einen konkret anstehenden Planungsfall müssen bei der Konzeption solcher arbeitsorganisatorischen Lösungsalternativen zunächst diejenigen Umfeldtätigkeiten aus der Gesamtheit der zur Verfügung stehenden Tätigkeiten abgeleitet werden, die einen unmittelbaren oder mittelbaren Bezug zum Systemauftrag und damit zu den prozeßtechnischen Arbeitsgängen aufweisen. In einem zweiten Schritt müssen dann diese Umfeldtätigkeiten situationsbezogen auf ihre Übertragungseignung in den Aufgabenbereich der Fertigungsinsel beurteilt werden.

Für das systematische Auffinden und Ableiten von Umfeldaufgaben bzw. produktionsunterstützenden Tätigkeiten aus den unterschiedlichsten Aufgabengebieten des indirekt produktiven Bereiches eignen sich organisationsunabhängige, katalogartige Zusammenstellungen, in denen die wichtigsten Aufgaben in diesen Funktionsbereichen, bis hinunter auf die Ebene von Tätigkeiten, mit ihren Begriffsdefinitionen und Begriffszusammenhängen in übersichtlicher Form enthalten sind.

Eine solche Zusammenstellung findet sich beispielsweise für die Gebiete der Produktionsplanung und -steuerung in /123/. Bild 30 zeigt ausschnittsweise in Anlehnung an /123/ für das Aufgabengebiet der Fertigungssteuerung die dazugehörigen Aufgabenbereiche. Eine weitere Untergliederung auf der Ebene von Tätigkeiten wird exemplarisch für das Aufgabengebiet der "Beschaffungsrechnung" vorgestellt.

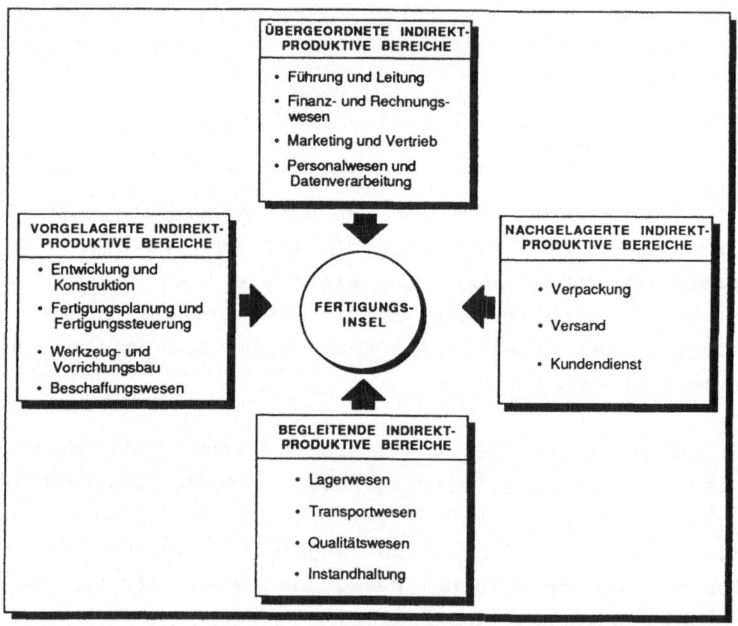

Bild 29: Ausgangspotentiale für die Integration von Umfeldaufgaben in den Zuständigkeitsbereich der Fertigungsinsel

Die definitive Entscheidung eines Planers, welche der zur Auswahl stehenden Umfeldtätigkeiten des indirekten Bereiches letztendlich in den Zuständigkeitsbereich der Fertigungsinsel verlagert werden, muß jeweils fallbezogen beantwortet werden. Einen eindeutigen deterministischen Zusammenhang, der die Integration bestimmter Aufgaben bzw. Tätigkeiten zwingend vorschreibt, kann es aufgrund der zahlreichen Einflußgrößen und deren situationsspezifischen Ausprägungen nicht geben (vgl. hierzu v.a. /25/).

	AUFGABEN-BEREICH	TEILAUFGABE	TÄTIGKEITEN
FERTIGUNGSSTEUERUNG	Produktions- und Fertigungs-programm bilden	Produktionsprogramm bilden	
		Fertigungsprogramm bilden	• Losgrößen errechnen • Beschaffungsfrist festlegen • Bestand festlegen • Bestand abfragen • Verfügbarkeitstermin ermitteln • Bestellvorschlag erstellen • Fertigungsauftrag erteilen • Dispositionsliste erstellen
	Materialbedarfs-ermittlung	Bruttobedarfsermittlung	
		Bedarfsprognose	
		Zusatzbedarfsermittlung	
		Sicherheitsbestand ermitteln	
		Nettobedarfsermittlung	
	Beschaffungs-rechnung	Beschaffungsvorschlag ermitteln	• Buchmäßige Materialreservierung • Körperliche Materialreservierung
		Materialreservierung	
		Fertigungsauftragsdatei führen	
	Fertigungs-durchlauf terminieren	Terminermittlung für Fertigungsaufträge	• Fertigungsaufträge erfassen • Terminänderung für Fertigungs-aufträge durchführen • Fertigungsaufträge mahnen • Fertigungsaufträge stornieren • Fertigungsauftragsbestand ermitteln
		Terminabstimmung der Fertigungsaufträge	
		Verfügbarkeitsprüfung für Fertigungsaufträge	
	Kapazitäts-abstimmung	Kapazitätsbestand anpassen	
		Kapazitätsbedarf anpassen	
	Auftragsver-anlassung	Auftragsbelegerstellung	
		Arbeitsverteilung	
	Fertigungs-überwachung	Fertigungsfortschritts-überwachung	
		Fertigungskontrolle	
		Betriebsmittelbeurteilung	

Bild 30: Auszug aus dem "Aufgabenkatalog" nach /123/ für das Aufgabengebiet der Fertigungssteuerung

Dennoch muß diese Entscheidung vom Planer getroffen werden. In Bild 31 ist daher eine Orientierungshilfe, die sich bereits in verschiedenen Planungsprojekten bewährt hat, für diesen Entscheidungsprozeß dargestellt. In ihr sind die wesentlichsten Einflußgrößen - zusammen mit ihren "günstigen bzw. ungünstigen" Ausprägungen enthalten.

	EINFLUSSGRÖSSEN	AUSPRÄGUNGEN günstige	AUSPRÄGUNGEN ungünstige
SYSTEM-MERKMALE	Fertigungslosgröße	klein	groß
	Anzahl fertigungsrelevanter Typen und Varianten	hoch	gering
	Ähnlichkeit technologischer Anforderungen (Werkstoff, Toleranzen)	hoch	gering
	Restriktionen aufgrund von Arbeitsumweltbedingungen (Lärm, Schwingungen)	nicht vorhanden	vorhanden
	Raum- und Flächenrestriktionen (Lagerung und Bereitstellung benötigter Arbeitsmittel)	nicht vorhanden	vorhanden
	Restriktionen aufgrund gesetzlicher Regelungen (erforderliche Qualifikation, Sicherheitsbestimmungen)	nicht vorhanden	vorhanden
	Organisatorische Gliederung des indirekten Bereiches	objektorientiert	funktionsorientiert
	Auflösung hierarchischer Strukturen	möglich	nicht möglich
	Einführung unterschiedlicher Lohnformen	möglich	nicht möglich
	Dezentrale Verfügbarkeit von Informationen	möglich	nicht möglich
	Innerbetriebliches Bildungswesen	vorhanden	nicht vorhanden
AUFGABEN-MERKMALE	Dauerhaftigkeit der Umfeldtätigkeit	hoch	gering
	Wiederholungshäufigkeit der Umfeldtätigkeit	hoch	gering
	Aufgabendurchführung innerhalb des Arbeitssystems (z.B. Messen)	möglich	nicht möglich
	Beitrag der Umfeldtätigkeit zur Belastungssituation des Mitarbeiters (z.B. Belastungswechsel)	positiv	negativ
	Beitrag der Umfeldtätigkeit zur Persönlichkeitsförderlichkeit der Arbeitsaufgabe (z.B. Anforderungsvielfalt)	positiv	negativ
	Arbeitsanforderungen orientieren sich an gängigen Berufsbildern (z.B. Gießereimechaniker)	ja	nein
MITARBEITER-MERKMALE	Ausgangsqualifikation der Mitarbeiter	hoch	niedrig
	Bereitschaft zur Höherqualifizierung	vorhanden	nicht vorhanden
	Bereitschaft zur Kooperation und Kommunikation	vorhanden	nicht vorhanden
	Bereitschaft zur Rollenflexibilität und Mobilität	vorhanden	nicht vorhanden
	Bereitschaft zur Übernahme von Verantwortung	vorhanden	nicht vorhanden
WIRTSCHAFTLICHE MERKMALE	Notwendigkeit von Zusatzinvestitionen zur Durchführung von Umfeldaufgaben	nein	ja
	Mindestauslastung kapitalintensiver Betriebsmittel bei Durchführung von Umfeldtätigkeiten	sichergestellt	nicht sichergestellt
	Aufwand für Schulungsmaßnahmen	niedrig	hoch
	Aufwand für Maschinenumstellung	niedrig	hoch
		gute Voraussetzungen zur Übertragung von Umfeldtätigkeiten auf Mitarbeiter	**schlechte Voraussetzungen zur Übertragung von Umfeldtätigkeiten auf Mitarbeiter**

Bild 31: Orientierungshilfe zur Beurteilung der Übertragungseignung von Umfeldtätigkeiten in den Aufgabenbereich der Fertigungsinsel

Treffen in einem konkreten Planungsfall eine "Vielzahl von günstigen Ausprägungen" zu, kann im allgemeinen von guten Voraussetzungen für die Einplanung und Realisierung eines hohen Autonomiegrades, d.h. für die Integration zahlreicher Umfeldaufgaben in den Zuständigkeitsbereich der Fertigungsinsel ausgegangen werden.

5.7 Erarbeitung anforderungsgerechter Planungsalternativen

5.7.1 Unterschiedliche Teilungsarten

Die Fixierung prozeßtechnischer und arbeitsorganisatorischer Planungseckdaten bestimmt weitgehend den Systemauftrag und die Systemgröße einer zu konzipierenden Fertigungsinsel und legt damit die Systemteilung zwischen der Fertigungsinsel und dem übrigen betrieblichen Umfeld auf der Gesamtbetriebsebene fest. Dabei kann das betriebliche Umfeld wiederum teilweise oder gänzlich aus Fertigungsinseln bestehen.

Bezogen auf das Arbeitssystem Fertigungsinsel ergeben sich trotz dieser Rahmenfestlegungen für den Planer mannigfaltige Gestaltungsspielräume bei der Konzeption alternativer prozeßtechnischer und arbeitsorganisatorischer Systemkomponenten, vor allem im Hinblick auf die Teilungsarten: " Funktionsteilung", "Kapazitätsteilung" und "Arbeitsteilung". Diese Teilungsarten lassen sich weiter untergliedern, je nachdem ob eine Art- oder Mengenorientierung für eine bestimmte Teilungsart als weiteres Differenzierungsmerkmal zur Anwendung kommt.

In Bild 32 sind diese unterschiedlichen Teilungsarten näher erläutert und jeweils durch charakteristische Beispiele aus dem Gießereibereich ergänzt.

Speziell für eine personalorientierte Auslegung der Fertigungsinsel unter arbeitsphysiologischen und arbeitspsychologischen Gesichtspunkten sind die Teilungsarten "Funktionsteilung" und "Arbeitsteilung" von besonderem Interesse und sollen daher im folgenden näher behandelt werden.

BEGRIFF	BEGRIFFS-INHALT	BEISPIELE AUS DEM GIESSEREIBEREICH			
		ARTTEILIG		MENGENTEILIG	
FUNKTIONS-TEILUNG	Aufteilung einer auszuführenden Gesamtfunktion auf personelle und maschinelle Funktionsträger	GESAMTFUNKTION: "Handhabung"		GESAMTFUNKTION: "Handhabung"	
		Teilfunktion: Automatisches Metalldosieren und Formsprühen für Standardprodukte und Exoten	Teilfunktion: Manuelles Teilentnehmen für Standardprodukte und "Exoten"	Teilfunktion: Automatisches Metalldosieren, Formsprühen und Teilentnehmen für Standardprodukte	Teilfunktion: Manuelles Metalldosieren, Formsprühen und Teilentnehmen für "Exoten"
KAPAZITÄTS-TEILUNG	Aufteilung einer technisch benötigten Gesamtkapazität auf technische Teilkapazitäten	GESAMTKAPAZITÄT: "Schmelzen/Warmhalten"		GESAMTKAPAZITÄT: "Schmelzen/Warmhalten"	
		Teilkapazität: Separates Schmelzen für Standardprodukte und "Exoten"	Teilkapazität: Separates Warmhalten für Standardprodukte und "Exoten"	Teilkapazität: Integriertes Schmelzen und Warmhalten für Standardprodukte	Teilkapazität: Integriertes Schmelzen und Warmhalten für "Exoten"
ARBEITS-TEILUNG	Aufteilung einer auszuführenden Gesamtaufgabe auf personelle Funktionsträger	GESAMTARBEITSAUFGABE: "Betreuung von Druckgießmaschinen"		GESAMTARBEITSAUFGABE: "Betreuung von Druckgießmaschinen"	
		Teilaufgabe: Programmieren und Einrichten für Standardprodukte und "Exoten"	Teilaufgabe: Bedienen und Überwachen für Standardprodukte und "Exoten"	Teilaufgabe: Programmieren, Einrichten, Bedienen und Überwachen für Standardprodukte	Teilaufgabe: Programmieren, Einrichten, Bedienen und Überwachen für "Exoten"

Bild 32: Erläuterung unterschiedlicher Teilungsarten im Gießereiwesen

5.7.2 Funktionsteilung

Über die Funktionsteilung wird vom Planer festgelegt, welcher Anteil an einer Gesamtfunktion im Arbeitssystem maschinell durch Betriebsmittel bzw. welcher Anteil weiterhin manuell vom Mitarbeiter im System auszuführen ist. Letztendlich wird damit für ein bestimmtes Arbeitssystem der zu installierende Automatisierungsgrad

vor allem für die prozeßtechnische Systemkomponente festgeschrieben und damit auf die arbeitsphysiologischen und arbeitspsychologischen Gestaltungsspielräume im Bereich der Arbeitsorganisation maßgeblich Einfluß genommen.
Bezogen auf die Gesamtfunktion "Handhabung" lassen sich beispielsweise für den Gießzyklus an einer Druckgießmaschine, der generell in die Bearbeitungsschritte

- Formsprühen
- Metalldosieren
- Druckgießen und Erstarren
- Entnehmen und Ablegen (in die Abgratpresse) und
- Abgraten

unterteilt werden kann, sowohl artteilige als auch mengenteilige Prinziplösungen für die Funktionsteilung ableiten.

Bei den artteilig orientierten Lösungsalternativen bildet die Art der (Teil-)Funktion das Gliederungsmerkmal bzgl. der Aufgabenzuordnung zwischen personellen und maschinellen Funktionsträgern. So kann beispielsweise das Metalldosieren und Formsprühen, unabhängig vom Produkttyp und den herzustellenden Stückzahlen, dem Funktionsträger Technik zugeordnet werden.

Besonders bei Produkten oder Produktgruppen, die in sehr großen Stückzahlen (Mengen) hergestellt werden, wird häufig aus wirtschaftlichen Erwägungen heraus ab einer bestimmten "Grenzlosgröße" versucht, die Ausführung möglichst vieler Teilfunktionen einer Gesamtfunkton maschinell vorzunehmen, wobei deren technische Realisierbarkeit im Einzelfall zum Teil auf erhebliche Schwierigkeiten, z.B. aufgrund zu geringer Formschrägen an Druckgießwerkzeugen oder Kokillen bei der automatischen Gußstückentnahme, stoßen kann.
In Bild 33 sind für die einzelnen Bearbeitungsschritte eines Gießzyklusses an einer Druckgießmaschine die entsprechenden Peripher-einrichtungen wiedergegeben, die generell zu deren Automatisierung benötigt werden.

Bearbeitungs-schritte	Hardware-einrichtungen	
Formsprühen	Formsprühgerät	1
Metall zuführen	Dosiergerät	2
Druckgießen/ Erstarren	Druckgießmaschine	3
Gußstück entnehmen	Entnahmegerät	4
Ablegen in Abgratpresse	Abgratschiebetisch	5
Abgraten	Abgratpressen	6
Schmelze warmhalten	Warmhalteofen	7

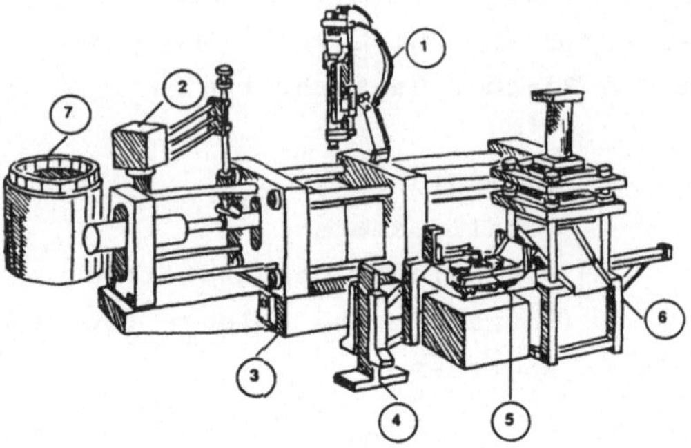

Bild 33: Druckgießmaschine mit Periphereinrichtungen zur Automatisierung von Handhabungsfunktionen

Die oben angesprochenen technischen Schwierigkeiten treten vor allem dann auf, wenn die Automatisierungsbestrebungen aufgrund unerwarteter Stückzahlerhöhungen "nachträglich" realisiert werden sollen und dann die Gießwerkzeuge konstruktiv nicht auf "Automatik-Betrieb" ausgelegt sind. So kann es beim automatisierten Formsprühen trotz freiprogrammierbarer Steuerungen und hochflexiblen Sprühköpfen zu einer erhöhten Klebeneigung von Gußstücken oder Metallresten an den Formwänden kommen.

Um dieses Anschweißen des Metalls herabzusetzen bzw. zu verhindern, gehen viele Gießereien "den Weg des geringsten Widerstandes" und lassen weiterhin das Formsprühen von einem erfahrenen Gießer ausführen, binden dessen Tätigkeit aber fest in den übrigen automatisierten Ablauf an der Druckgießmaschine ein. Die Druckgießmaschine wird dann im sogenannten "Halb-Automatik-Betrieb" gefahren.

Welche personellen Auswirkungen dieser Grad der Funktionsteilung im Vergleich zum vollautomatischen bzw. voll manuellen Betrieb hat, wurde u.a. im Bezug auf die Persönlichkeitsförderlichkeit im Rahmen eines Forschungsprojektes untersucht /28/.

Bild 34 zeigt die unterschiedlichen TBS-K-Profile für den manuellen, den halbautomatischen und den vollautomatischen Betrieb an einer Druckgießmaschine /124/.

Analysekriterien	Arbeitstätigkeit	Druckgießen manuell	Druckgießen halbautomatisch	Druckgießen vollautomatisch
A1	Zyklusdauer			
A2	Innerbetriebliche Arbeitsteilung			
A3	Vorgeschriebenheit der Arbeitsweise			
A4	Rückmeldungen über Arbeitstätigkeiten			
A5	Routinemäßige Tätigkeitsausführung			
A6	Kooperation			
B1	Freiheitsgrade für Zielsetzungen			
B2	Planen und Entscheiden			
B3	Informationsaufnahme			
B4	Informationsverarbeitung			
C1	Nutzung der beruflichen Vorbildung			
C2	Bleibende Lernerfordernisse			
C3	Kommunikation			
C4	Verantwortung			

	Druckgießen manuell			Druckgießen halbautomatisch			Druckgießen vollautomatisch		
Negativbereich	PF_W	PF_B	PF_G	PF_W	PF_B	PF_G	PF_W	PF_B	PF_G
	-21	4	2	-23	4	2	-1	3	1

Bild 34: TBS-K Tätigkeitsprofile bei unterschiedlichen Funktionsteilungen /131/

Wie aus Bild 34 hervorgeht, verlaufen die Tätigkeitsprofile für "manuelles Druckgießen" und "halbautomatisches Druckgießen" nahezu parallel und liegen überwiegend im Negativbereich.

Daraus resultieren für beide Tätigkeiten Gesamtpunktwerte für die Persönlichkeitsförderlichkeit (vgl. hierzu Bild 19), die insgesamt auf sehr anforderungsarme Tätigkeiten hinweisen.

Der noch schlechtere Gesamtpunktwert für das "halbautomatische Druckgießen" im Vergleich zum "manuellen Druckgießen" liegt daran, daß der Druckgießer hier nur noch sogenannte Resttätigkeiten wie das Formsprühen und die Gußteilentnahme durchführt, seine Arbeitstätigkeit aber voll in den automatisierten Zwangsablauf an der Druckgießmaschine eingebunden ist.
Dies führt vor allem zum Verlust der ohnehin überaus gering vorhandenen Freiheitsgrade bzgl. Zielsetzungen, Planen und Entscheiden wie sie beim manuellen Betrieb noch möglich waren.

Für den Gießer an der halbautomatischen Druckgießmaschine geht damit die Möglichkeit völlig verloren, sein Arbeitstempo selbst zu bestimmen bzw. in gewissen Grenzen zu variieren, d.h. er hat hier keinerlei Möglichkeiten mehr zur individuellen Leistungsentfaltung bzw. zum Belastungswechsel.
Im Gegensatz hierzu ist die Arbeitstätigkeit am Vollautomaten dadurch gekennzeichnet, daß manuelle repetitive Resttätigkeiten einen sehr geringen zeitlichen Anteil - weniger als 10 % - bezogen auf seine Grundtätigkeiten ausmachen.
Der überwiegende Teil seiner Arbeitsaufgabe besteht hier in der optischen und akustischen Überwachung des Druckgießautomaten und in der Lokalisierung und Behebung kleinerer mechanischer Störungen.

Trotz des wesentlich besseren Gesamtpunktwertes beim vollautomatischen Gießbetrieb darf dabei nicht übersehen werden, daß diese Tätigkeit immer noch als anforderungsarm einzustufen ist und ihre Umgestaltung daher aus arbeitspsychologischer Sicht als empfehlenswert erachtet wird.

Dieses Beispiel zeigt deutlich, obwohl das gesamte zur Verfügung stehende Technik-Repertoire in diesem Fall ausgeschöpft wurde, daß mit technischen Gestaltungsmaßnahmen allein keine befriedigende Verbesserung in Bezug auf eine persönlichkeitsförderliche Arbeitsinhaltsbildung für den Bereich des Druckgießens erreicht werden konnte.

Was aber mit technischen Maßnahmen in diesem Zusammenhang geleistet werden kann, ist die <u>Minimierung technischer Restriktionen</u> im Bereich der Prozeßorganisation, so daß eine persönlichkeitsförderliche Arbeitsgestaltung aufgrund arbeitsorganisatorischer Maßnahmen z.B. über die Festlegung der Arbeitsteilung erzielt werden kann. Mit der Minimierung technischer Restriktionen ist hauptsächlich die Vermeidung von Resttätigkeiten im Arbeitsablauf aufgrund unzureichender Technikgestaltung gemeint, wo der Mensch die Rolle des Lückenbüßers übernimmt und dadurch einer sehr starken Takt- und Platzgebundenheit im Arbeitsprozeß ausgesetzt ist, so daß eine Übernahme persönlichkeitsförderlicher Umfeldtätigkeiten ausgeschlossen wird.

Die Aufhebung dieser Takt- und Platzgebundenheit aufgrund technischer und/oder organisatorischer Entkopplungsmaßnahmen, z.B. aufgrund eines installierten Grades der Funktionsteilung, der nicht nur technischen sondern auch arbeitswissenschaftlichen Kriterien genügt, bildet daher die Grundlage für den planerischen Gestaltungsspielraum bei der Konzeption der arbeitsorganisatorischen Komponente. Auf die Möglichkeiten über eine <u>gezielte Arbeitsteilung</u> menschengerechtere Arbeitsinhalte im Sinne der Arbeitsphysiologie und der Arbeitspsychologie zu bilden, soll im folgenden näher eingegangen werden.

5.7.3 Arbeitsteilung

Nachdem von der Planung über den Grad der Funktionsteilung zunächst festgelegt wurde, welche Anteile zur Durchführung eines Systemauftrages in der Fertigungsinsel von der prozeßtechnischen Systemkomponente (Betriebsmittel) und welche Anteile von der arbeitsorganisatorischen Systemkomponente (Personal) wahrgenommen werden, ist für beide Systemkomponenten eine weitere Strukturierung und Detaillierung nach unterschiedlichsten Aspekten vorzunehmen.

Am Beispiel der Arbeitsteilung soll dieser Strukturierungsprozeß - vor allem im Hinblick auf eine personalorientierte Auslegung der Fertigungsinsel - weiter vertieft werden. Die Entwicklung alternativer arbeitsorganisatorischer Systemkomponenten basiert bei gleicher Funktionsteilung hauptsächlich auf alternativen Arbeitsteilungen, wobei unter Arbeitsteilung die Aufteilung der anstehenden Arbeitsaufgaben auf mehrere personelle Aufgabenträger verstanden werden soll /125/.

Im Falle der Fertigungsinsel stellen diese "anstehenden Arbeitsaufgaben" von den Arbeitsanforderungen her gesehen ein breit gefächertes Aufgabenspektrum dar.
In Bild 35 ist daher das generell mögliche Aufgabenspektrum einer Fertigungsinsel im Kokillenguß - unabhängig von den kapazitiven Durchführungserfordernissen - als Prinzipdarstellung wiedergegeben.

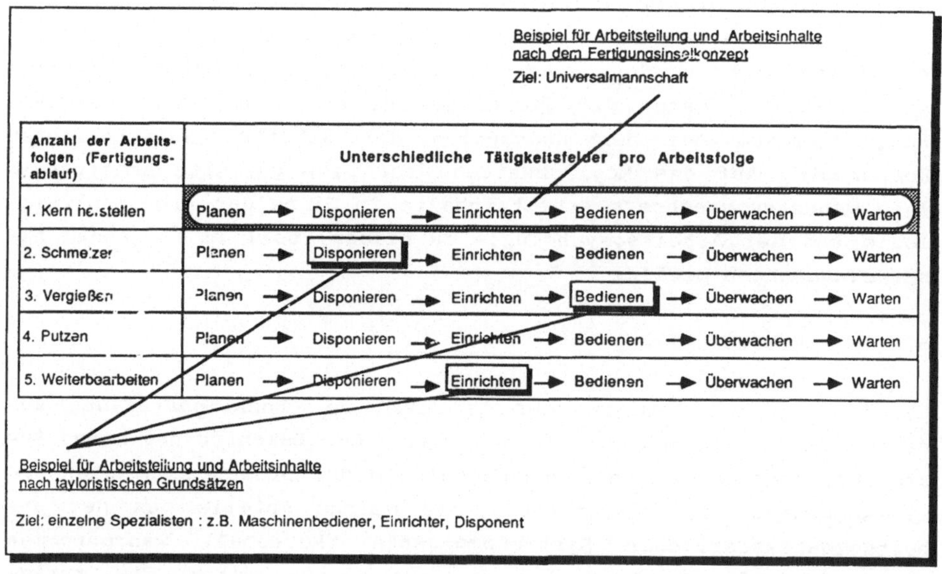

Bild 35: Generelles Aufgabenspektrum einer Fertigungsinsel im Kokillenguß

Anhand dieser Darstellung soll auf die prinzipiellen Unterschiede der Arbeitsteilung zwischen einer nach tayloristischen Grundsätzen aufgebauten Arbeitsstruktur und der Fertigungsinsel als idealtypische Erscheinungsform Neuer Arbeitsstrukturen eingegangen und generelle Möglichkeiten der Zuordnung von Aufgaben zu Aufgabenträgern sollen für den Bereich der Fertigungsinsel diskutiert werden.

Kennzeichnend für den Taylorismus ist zum einen die strikte Trennung von planenden, steuernden und ausführenden Tätigkeiten im Arbeitsprozeß.
Zum anderen werden innerhalb dieser so entstandenen Bereiche weitere Spezialisierungen vorgenommen. Das Ergebnis dieser hochgradig vertikalen und horizontalen Arbeitsteilung ist unter anderem deutlich an den innerbetrieblichen Stellenbezeichnungen wie z.B. "Maschinenbediener", "Einrichter" oder "Disponent" abzulesen (Bild 35).

So wie sich in den tayloristischen Arbeitsstrukturen diese spezielle Form der Arbeitsteilung an Taylors wissenschaflichen Grundsätzen zur Betriebsführung orientierten, müssen sich mögliche Strategien der Arbeitsteilung bezogen auf Fertigungsinseln im Gießereiwesen

- am allgemeinen Konzept der Fertigungsinsel und
- an speziellen Erkenntnissen der Arbeitspsychologie und der Arbeitsphysiologie im Gießereiwesen

orientieren.

In Bezug auf die planerische Umsetzung oben genannter Forderungen lassen sich daraus folgende Gestaltungsrichtlinien für die Arbeitsteilung bzw. Arbeitsinhaltsbildung in Fertigungsinseln ableiten:

o Innerhalb der Fertigungsinsel (Arbeitsgruppe) ist die Arbeitsteiligkeit so gering wie möglich einzuplanen. Ziel ist hierbei nicht das Heranziehen einzelner "Spezialisten" sondern die Bildung einer "Universalmannschaft".

- Die Arbeitsinhalte pro Fertigungsinsel-Mitarbeiter müssen neben ausführenden Anteilen auch planende und disponierende Anteile enthalten, damit nicht über ein Spezialistentum innerhalb der Fertigungsinsel die "alte" Arbeitsteilung wieder neu entsteht (vgl. hierzu auch /7/).

- In einem stufenweisen Lern- und Qualifizierungsprozeß ist der Grad der Überdeckung zwischen der Arbeitsaufgabe des einzelnen Fertigungsinsel-Mitarbeiters und dem gesamten Aufgabenspektrum der Fertigungsinsel ständig zu erhöhen. Endziel sollte sein, daß jeder Mitarbeiter alle in der Fertigungsinsel vorkommenden Aufgaben beherrscht.

In Bild 35 ist der "Ausgangs-Arbeitsinhalt" eines Fertigungsinsel-Mitarbeiters beispielhaft für den Arbeitsgang "Kernherstellen" angegeben. Aufbauend auf dieser Ausgangsqualifikation, muß sich der Fertigungsinsel-Mitarbeiter die weiteren Arbeitsfolgen, die zur Komplettbearbeitung eines Gußstückes notwendig sind, im Rahmen seiner Höherqualifikation aneignen.

Damit bietet das Konzept der Fertigungsinsel sehr gute Voraussetzungen, Fachkräfte wie z.B. den Gießereimechaniker wieder in die Produktion zu bekommen, weil sowohl der Qualifikationserhalt als auch ein zusätzlicher Qualifikationserwerb im Produktionsprozeß sichergestellt werden.

Mit der Festlegung dieser Gestaltungsrichtlinien für die Arbeitsteilung bzw. Arbeitsinhaltsbildung ist der letzte wesentliche Planungsschritt für eine personalorientierte Auslegung von Fertigungsinseln im Gießereiwesen in diesem Kapitel beschrieben worden.

Das im Rahmen dieser Arbeit entwickelte Verfahren zur Planung Neuer Arbeitsstrukturen - und hier speziell zur Planung von Fertigungsinseln - wurde in einer NE-Metallgießerei, die sich in die Bereiche Sandguß (Werk I) und Druck- und Kokillenguß (Werk II) aufgliederte zur Konzeption einer Fertigungsinsel im Kokillengußbereich eingesetzt.
Vor allem sollte der hiermit verbundene Anspruch der Planung, über das Organisationskonzept der Fertigungsinsel einen deutlichen Beitrag zur

- o Verbesserung der Arbeitsqualität bei gleichzeitiger
- o Steigerung der Wirtschaftlichkeit

zu leisten, anhand einer realisierten Pilot-Fertigungsinsel unter Praxisbedingungen überprüft werden.

Im folgenden wird daher auf die wesentlichen Erkenntnisse, die im Rahmen dieser Pilotanwendungen gewonnen wurden anhand einer ergebnisorientierten Darstellung näher eingegangen.

6.1 Ausgangssituation

Vorbemerkung

Die "Verbesserung der Arbeitsqualität" im Sinne menschengerechter Arbeitsgestaltung spiegelt sich hauptsächlich in den "verbesserten" Arbeitsinhalten wider. Diese aus den Motivationstheorien abgeleitete Erkenntnisse (vgl. hierzu u.a. /83, 84, 85/) fanden in neueren Untersuchungen ebenfalls wieder ihre Bestätigung (vgl. hierzu u.a. /78/).

Damit läßt sich der Nachweis der "Verbesserung der Arbeitsqualität" für dieses Anwendungsbeispiel, unter einer arbeitswissenschaftlichen Fragestellung, auf den Nachweis der "Verbesserung des Arbeitsinhaltes pro Mitarbeiter" reduzieren.

Im Sinne der Arbeitspsychologie bedeuten "verbesserte Arbeitsinhalte" solche Arbeitsinhalte, die hohe Voraussetzungen zur Persönlichkeitsförderlichkeit beinhalten (vgl. hierzu u.a. /18, 20/). Dieser Nachweis läßt sich in quantifizierbarer Form mit Hilfe des TBS-K führen.
Im Sinne der Arbeitsphysiologie bedeuten "verbesserte Arbeitsinhalte" solche Arbeitsinhalte, die ein ausgewogenes Belastungs-/Beanspruchungsprofil für den Mitarbeiter im Anforderungsbereich der Handlung, verbunden mit der individuellen Möglichkeit zum Belastungswechsel aufweisen (vgl. hierzu u.a. /126/).

Auch dieser Nachweis kann in quantifizierbarer Form z.B. mit Hilfe des AET erbracht werden.

Der Nachweis über die Steigerung der Wirtschaftlichkeit kann unter der ceteris paribus Bedingung aller übrigen Parameter, die die Wirtschaftlichkeit beeinflussen auf die Diskussion eines einzigen Parameters, z.B. der Durchlaufzeit zurückgeführt werden.

Die nachfolgend dargestellten Ergebnisse orientieren sich gemäß obiger Fragestellungen schwerpunktmäßig an den Themenkomplexen "Verbesserung der Arbeitsqualität" und "Steigerung der Wirtschaftlichkeit".

6.1.1 Prozeßtechnischer Ausgangszustand

Die Produktpalette in der Kokillengießerei umfaßte über 300 verschiedene Produkte, die in 9 unterschiedlichen Legierungen vergossen und mit unterschiedlicher Fertigungstiefe weiterbearbeitet wurden. Die am häufigsten aufgetretene Losgröße lag hier zwischen 100 - 200 Stück je Los, wobei die Fertigteilgewichte pro Gußstücke zwischen 0,02 und 10 Kilogramm (ohne Angüße und Steiger) betrugen. Die Fertigung erfolgte rein auftragsgebunden, der durchschnittliche Auftragsbestand schwankte zwischen 3 und 4 Monate. In Bild 24 wurde bereits ein Ausschnitt aus dem Fertigungsprogramm der Kokillengießerei vorgestellt, aus dem sowohl die repräsentativen Arbeitsabläufe zur Herstellung der Gußteile als auch die dazugehörigen Betriebsmittelgrundausstattungen entnommen werden können.

Die darin enthaltenen Angaben dienten u.a. auch als Grundlage für die Bildung von Gußstückfamilien bezogen auf diesen Anwendungsfall.
Der gesamte Kokillengießbereich war vorwiegend nach dem Verrichtungsprinzip untergliedert und umfaßte die Werkstätten Schmelzerei, Kokillengießerei, Putzerei, Weiterbearbeitung, wobei üblicherweise zentral "vorgeschmolzen" und an den Kokillengießarbeitsplätzen nachgeschmolzen wurde. Aufbauorganisatorisch und räumlich bildete der gesamte Kokillengießbereich mit dem Druckgießbereich eine Einheit.
Über einen längeren Produktionszeitraum wurden 50 unterschiedliche Aufträge untersucht und die in Bild 36 dargestellte Verteilung der Gesamtdurchlaufzeiten ermittelt.

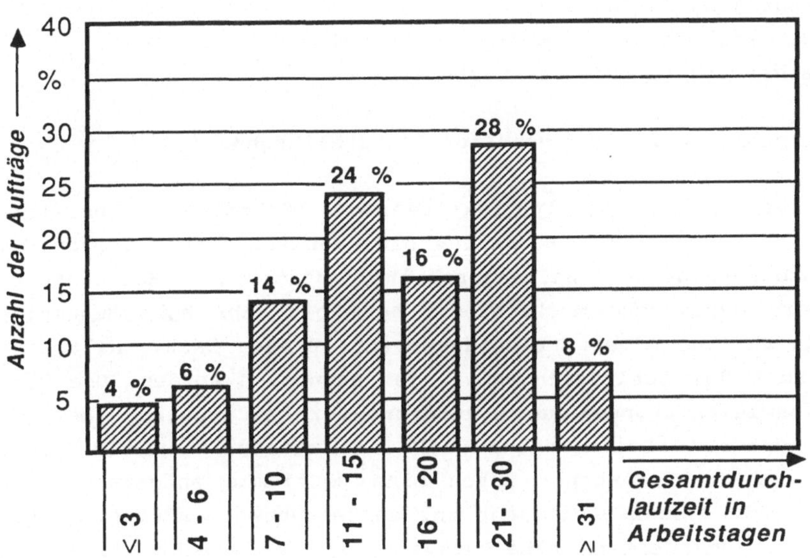

Bild 36: Häufigkeitsverteilung der Gesamtdurchlaufzeiten im Ist-Zustand

6.1.2 Arbeitsorganisatorischer Ausgangszustand

Im gesamten direkt produktiven Bereich der Kokillengießerei war eine hohe Arbeitsteiligkeit vorhanden. Die Ausführung der Arbeitstätigkeiten erfolgte durchgängig an Einzelarbeitsplätzen. Zur Feststellung der Aufgaben- und Anforderungsstruktur erfolgte für alle Arbeitstätigkeiten, die in diesem Bereich durchgeführt wurden, eine Beurteilung nach arbeitsphysiologischen und arbeitspsychologischen Kriterien.

Bild 37 zeigt für den Anforderungsbereich der Handlung bezogen auf die Anforderungsarten

- Haltungsarbeit
- statische Haltearbeit
- schwere dynamische Muskelarbeit und
- einseitige dynamische Muskelarbeit

die AET-Ergebnisse in Form von Profildarstellungen.

Für die typischen Gießereitätigkeiten wie "Schmelzen", Kokillengießen", "Entkernen" und "Bandsägen bzw. Bandschleifen" treten für die Anforderungsarten "Haltungsarbeit", statische "Haltearbeit" und schwere dynamische Muskelarbeit hohe bis sehr hohe Beanspruchungen im Verlauf einer Schichtdauer auf. Dieser Sachverhalt kann aus der Höhe der Schlüsseleinstufungen entnommen werden. Die Höhe der Schlüsseleinstufungen wurde aufgrund der Zeitanteile - bezogen auf die gesamte Arbeitsschicht nach dem Engpaßprinzip ermittelt, in denen der Stelleninhaber durch eine bestimmte Anforderungsart belastet wird, "wobei äquivalent zur ansteigenden Schlüsseleinstufung auch - zumindestens näherungsweise - eine erhöhte Belastung und damit Beanspruchung unterstellt werden kann" /23/.
Liegt beispielsweise die Zeitdauer, in der eine bestimmte Belastung z.B. durch statische Haltearbeit, auf den Mitarbeiter einwirkt zwischen 1/3 - 2/3 der gesamten Schichtdauer, so führt dies auf der transformierten Ordinalskala zu einer Schlüsseleinstufung von 60 Schlüsseleinheiten. Bei einer Schlüsseleinstufung von 100 Schlüsseleinheiten tritt die Belastung beinahe ununterbrochen während der gesamten Arbeitszeit auf /23/.

Geringe bis mittlere Belastungen und Beanspruchungen sind dagegen im Weiterverarbeitungsbereich für die Arbeitsgänge "Bohren und Gewindeschneiden" und "Abpressen mit Vorrichtung" und für das Einrichten zu verzeichnen.

Anforderungsarten / Arbeitstätigkeiten	Schlüsseleinheiten	Haltungsarbeit	Statische Haltearbeit	Schwerdynamische Muskelarbeit	Einseitige dynamische Muskelarbeit
Schmelzen und Schmelze transportieren	100 50 0	50	40	40	20
Kernschießen	100 50 0	50	40	20	20
Kokillengießen	100 50 0	50	80	40	0
Entkernen	100 50 0	80	90	40	0
Bandsägen	100 50 0	50	80	20	0
Bandschleifen	100 50 0	60	80	20	0
Feilen und Richten	100 50 0	50	0	20	60
Bohren und Gewindeschneiden	100 50 0	50	40	20	20
Abpressen mit Vorrichtung	100 50 0	40	0	20	0
Einrichten	100 50 0	40	20	20	40

Bild 37: Ergebnisse der AET-Erhebungen bezogen auf den Ausgangszustand der Werkstattfertigung

In Bild 38 und 39 sind die Ergebnisse der TBS-K Erhebungen ebenfalls für den Ist-Zustand in Form von Profildarstellungen wiedergegeben.

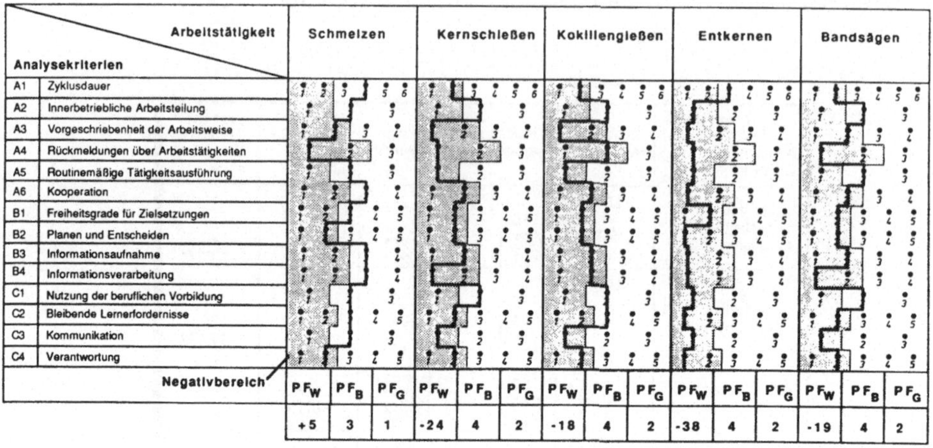

Analysekriterien \ Arbeitstätigkeit		Schmelzen	Kernschießen	Kokillengießen	Entkernen	Bandsägen
A1	Zyklusdauer					
A2	Innerbetriebliche Arbeitsteilung					
A3	Vorgeschriebenheit der Arbeitsweise					
A4	Rückmeldungen über Arbeitstätigkeiten					
A5	Routinemäßige Tätigkeitsausführung					
A6	Kooperation					
B1	Freiheitsgrade für Zielsetzungen					
B2	Planen und Entscheiden					
B3	Informationsaufnahme					
B4	Informationsverarbeitung					
C1	Nutzung der beruflichen Vorbildung					
C2	Bleibende Lernerfordernisse					
C3	Kommunikation					
C4	Verantwortung					

Negativbereich

	Schmelzen			Kernschießen			Kokillengießen			Entkernen			Bandsägen		
	PF_W	PF_B	PF_G	PF_W	PF_B	PF_G	PF_W	PF_B	PF_G	PF_W	PF_B	PF_G	PF_W	PF_B	PF_G
	+5	3	1	-24	4	2	-18	4	2	-38	4	2	-19	4	2

Bild 38: Ergebnisse der TBS-K-Erhebungen bezogen auf den Ausgangszustand der Werkstattfertigung

Analysekriterien \ Arbeitstätigkeit		Bandschleifen	Feilen und Richten	Bohren und Gewindeschneiden	Abpressen	Einrichten
A1	Zyklusdauer					
A2	Innerbetriebliche Arbeitsteilung					
A3	Vorgeschriebenheit der Arbeitsweise					
A4	Rückmeldungen über Arbeitstätigkeiten					
A5	Routinemäßige Tätigkeitsausführung					
A6	Kooperation					
B1	Freiheitsgrade für Zielsetzungen					
B2	Planen und Entscheiden					
B3	Informationsaufnahme					
B4	Informationsverarbeitung					
C1	Nutzung der beruflichen Vorbildung					
C2	Bleibende Lernerfordernisse					
C3	Kommunikation					
C4	Verantwortung					

Negativbereich

	Bandschleifen			Feilen und Richten			Bohren und Gewindeschneiden			Abpressen			Einrichten		
	PF_W	PF_B	PF_G	PF_W	PF_B	PF_G	PF_W	PF_B	PF_G	PF_W	PF_B	PF_G	PF_W	PF_B	PF_G
	-19	4	2	-10	3	2	-21	4	2	-24	4	2	+8	2	0

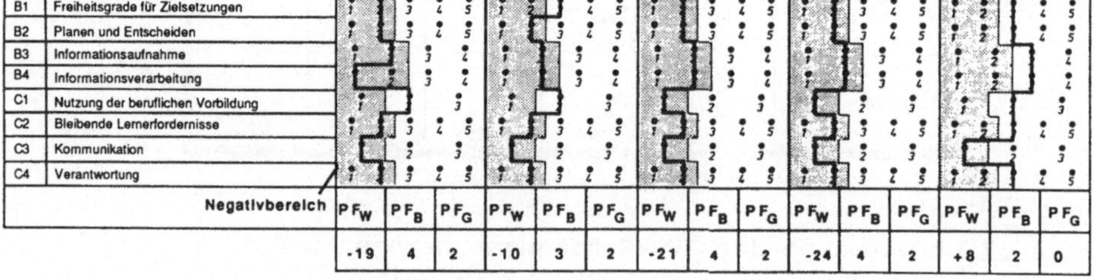

Bild 39: Fortsetzung der Ergebnisse der TBS-K-Erhebungen bezogen auf den Ausgangszustand der Werkstattfertigung

Für den psychischen Bereich der menschlichen Arbeit ist aus den Bildern 37 und 38 zu entnehmen, daß sehr viele Einstufungen des TBS-K im Negativbereich verlaufen und damit diese Tätigkeiten als anforderungsarm eingestuft werden müssen.
Für 80 % aller vorkommenden Arbeitstätigkeiten bestehen aus arbeitspsychologischer Sicht sogar äußerst dringende Umgestaltungserfordernisse (PF_G=2).

6.2 Fertigungsinsel im Kokillengießbereich

6.2.1 Prozeßtechnische Systemkomponente

Aufbauend auf den Untersuchungsergebnissen der Vorplanungsphase und den daraus abgeleiteten Zielkriterien (vgl. hierzu Kap. 5.2) wurden unterschiedliche Planungsalternativen entwickelt, die ebenfalls dem Pilot-Charakter des Anwendungsbeispiels Rechnung trugen. So wurde beispielsweise aus Zeit- und Kostengründen bei der Planung und Realisierung der Fertigungsinsel auf neu anzuschaffende Betriebsmittel bewußt verzichtet und statt dessen auf vorhandene Fertigungseinrichtungen zurückgegriffen, was vor allem für Umplanungen charakteristisch ist.

Mit der Übernahme vorhandener Betriebsmittel aus dem Ist-Zustand in die Fertigungsinsel war gleichzeitig auch die "Übernahme" bestimmter Teile der Kostenstruktur aus dem Ist-Zustand in die Fertigungsinsel verbunden. Signifikante Veränderungen im Bereich der Materialkosten, der Kapitalkosten und der Personalkosten waren damit zumindest näherungsweise ausgeschlossen, so daß sich Aussagen bezüglich der Wirtschaftlichkeit für das Arbeitssystem Fertigungsinsel im Vergleich zum Ist-Zustand auf spezielle Aussagen, z.B. im Hinblick auf die Durchlaufzeiten und die damit verbundenen Kapitalbindungen reduzieren ließen.

Im Rahmen der Auftragsbearbeitung wurden daher vor Ort in der Fertigungsinsel neben der Durchführung arbeitswissenschaftlicher Untersuchungen auch explizit Durchlaufzeiten ermittelt.
Bild 40 zeigt das realisierte Layout der Fertigungsinsel.

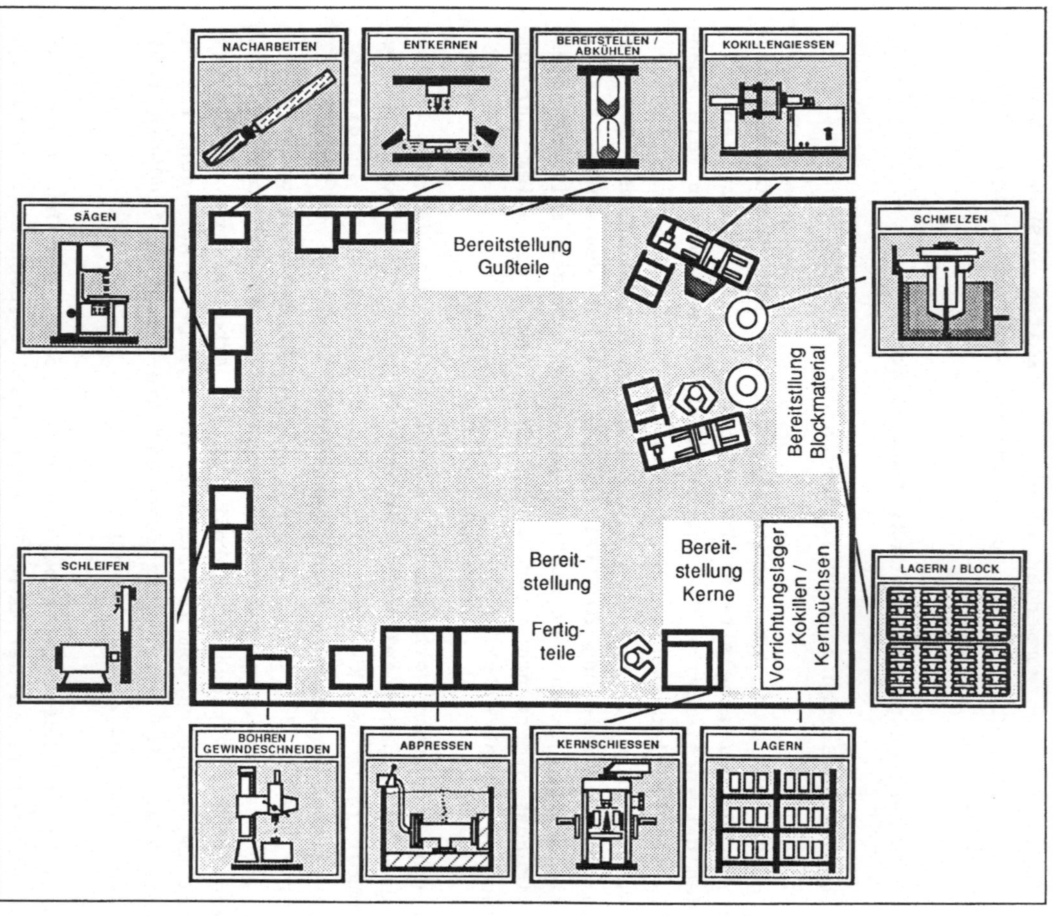

Bild 40: Layout der realisierten Fertigungsinsel im Kokillengießbereich

Um generelle Aussagen zur Durchlaufzeitveränderung innerhalb der Fertigungsinsel gegenüber dem Ist-Zustand über einen längeren Produktionszeitraum machen zu können, wurde die realisierte Fertigungsinsel in einem Simulationsmodell abgebildet, welches ursprünglich zur "Interaktiven Simulation von Montagesystemen (ISIMOS)" am IAO konzipiert worden war /127/.

In Bild 41 ist daher das Funktional-Layout der Fertigungsinsel in "ISIMOS-Darstellung" wiedergegeben, wobei Analogien zum realisierten Layout der Fertigungsinsel deutlich zum Ausdruck kommen.
Anhand der realisierten Durchlaufzeiten bei der Auftragsbearbeitung innerhalb der Fertigungsinsel, konnte das Simulationsmodell aufgrund der Übereinstimmung von gemessenen Durchlaufzeiten und simulierten Durchlaufzeiten in Bezug auf das Durchlaufzeitverhalten der Fertigungsinsel validiert werden.

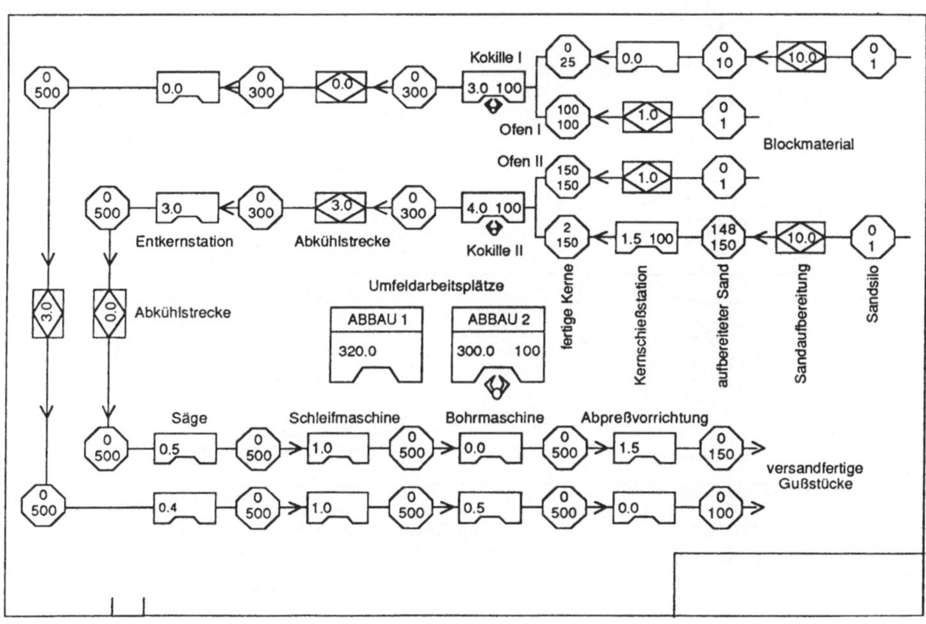

Bild 41: Realisierte Fertigungsinsel in ISIMOS-Darstellung

Mit diesem Simulationsmodell können vor allem personalintensive Produktionssysteme unterschiedlichster Art im Hinblick auf Auslastungsveränderungen von Betriebsmitteln und Personal sowie Durchlaufzeitveränderungen bewertet werden.
Aus programmtechnischen Gründen war es z.B. für die Simulation des Fertigungsablaufes von kernlosem und kernintensivem Guß im Gegensatz zum Reallayout notwendig, zwei getrennte Ablaufstränge darzustellen obwohl die Gußstücke vom Fertigungsablauf her gesehen z.T. dieselben Betriebsmittel, wie z.B. die Bandsäge oder die Bandschleifmaschine, anlaufen. Zum unmittelbaren Verständnis der in Bild 41 abgebildeten Fertigungsinsel werden die hierbei verwendeten Symbole in Bild 42 kurz beschrieben.

Symbole	Symbolbedeutung
Arbeitsplatz Mitarbeiter	Mitarbeiter am Arbeitsplatz
Füllstand 299 300 max. Kapazität (300 Teile)	Puffer: Vor und nach jeder Bearbeitungsstation befindet sich ein Puffer mit vorgegebener max. Pufferkapazität
Bearbeitungszeit proWerkstück: 3.0 Zeiteinheiten (ZE) 3.0	Automatenstation: Diese Stationsart entnimmt automatisch dem Vorpuffer ein Werkstück, bearbeitet es selbstständig und gibt es in den Folgepuffer weiter
Bearbeitungszeit pro Werkstück: 4.0 ZE 4.0 100 Mitarbeiterleistungsgrad:100 %	Manueller Arbeitsplatz (besetzt): Im Gegensatz zur Automatenstation ist an einem manuellen Arbeitsplatz zur Arbeitsausführung ein Mitarbeiter notwendig. Beispiel: Kokillengießmaschine
Berabeitungszeit pro Werkstück: 0.5 ZE 0.5	Manueller Arbeitsplatz (unbesetzt): Ein manueller Arbeitsplatz, an dem sich zum Simulationszeitpunkt kein Mitarbeiter befindet
Zeitvorgabe für eine Umfeldaufgabe: z.B. Einrichten der BM ABBAU 300	Umfeldarbeitsplatz (unbesetzt): Über diese Plätze werden indirekte Tätigkeiten wie z.B. Einrichten, Disponieren, usw. im System berücksichtigt.
Materieller Werkstückfluß 3.0 100 299 300	Durchlaufrichtung: Der Fertigungsfortschritt des Werkstückes verläuft in Pfeilrichtung

Bild 42: Symbole und ihre Bedeutung im Simulationsmodell "ISIMOS"

Auf den Aufbau und die Handhabung dieses interaktiven Simulationsmodells bzw. auf Zwischenergebnisse aus den Simulationsläufen wird im Kapitel 9 dieser Arbeit (Anhang) ausführlich eingegangen.

6.2.2 Arbeitsorganisatorische Systemkomponente

In den Verantwortungsbereich der Fertigungsinsel wurden primär Umfeldaufgaben aus den "vorgelagerten und begleitenden indirekt produktiven Bereichen (vgl. hierzu Bild 29) übertragen, wobei im Untersuchungszeitraum von einer Woche nicht alle Tätigkeiten, die in Bild 43 explizit dargestellt sind, zur Ausführung anstanden.

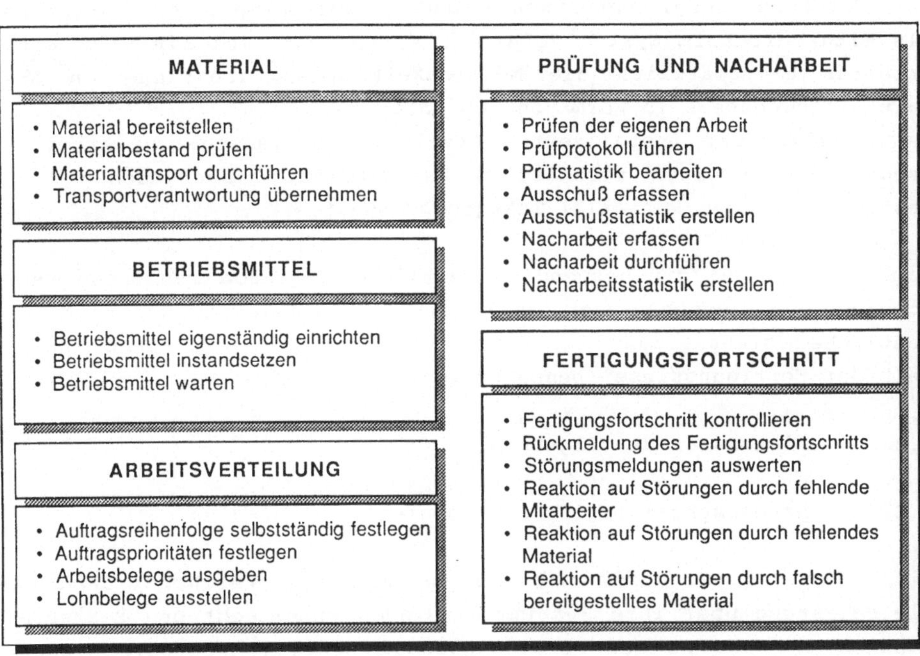

Bild 43: Übertragene Umfeldaufgaben in die Fertigungsinsel

Das hierbei zugrundegelegte Fertigungssteuerungskonzept basierte auf dem Prinzip der Bündel- oder Arbeitsvorratssteuerung. Innerhalb der Fertigungsinsel wurde eine Arbeitsgruppe installiert, die aus unterschiedlich qualifizierten Fachkräften mit langjähriger Gießereierfahrung bestand und alle in der Fertigungsinsel vorkommenden Arbeitsaufgaben beherrschte.

Im Gegensatz zum verrichtungsorientierten Ist-Zustand, bestand in der Fertigungsinsel keine feste Zuordnung von Arbeitsplatz bzw. Betriebsmittel und Arbeitsperson. Der "Arbeitsplatz" eines Fertigungsinselmitarbeiters war nunmehr das gesamte Arbeitssystem "Fertigungsinsel". Da jeder Mitarbeiter jede Arbeitstätigkeit in der Fertigungsinsel beherrschte und außerdem mehr Arbeitsplätze als Mitarbeiter im System vorhanden waren, bot sich für jeden Mitarbeiter grundsätzlich die Möglichkeit eines individuellen Arbeitsplatzwechsels in Form von Job-rotation.
Da an keinem der installierten Arbeitsplätze menschliche Arbeitshandlungen in einen technischen Zwangsablauf eingebunden waren, bestand im System keinerlei Taktgebundenheit.

Damit war sowohl die notwendige zeitliche als auch räumliche Entkopplung des Menschen von der Technik gewährleistet, was eine wesentliche Voraussetzung zur Wahrnehmung von Umfeldaufgaben innerhalb der Fertigungsinsel bedeutete.

6.3 Diskussion der Ergebnisse

6.3.1 Arbeitsphysiologische Ergebnisse

Mit Hilfe des AET wurden für den Anforderungsbereich der Handlung die Belastung über ihre Bestimmungsgrößen untersucht und Beanspruchungen für die in der Fertigungsinsel tätigen Mitarbeiter zugeordnet.

Da die Betriebsmittel technisch unverändert aus dem Ist-Zustand in die Fertigungsinsel übernommen wurden, schied eine Reduzierung der Belastung und damit eine Reduzierung der Beanspruchung für die in der Fertigungsinsel tätigen Mitarbeiter aufgrund technischer Maßnahmen aus.

Eine deutliche Reduzierung der Beanspruchung konnte dennoch über die Reduzierung der Zeitdauer, in der eine Belastung auf den Mitarbeiter einwirkt, durch gezieltes Job-rotation erreicht werden weil die zur Verfügung stehenden Arbeitsplätze sehr unterschiedliche Belastungs- und damit Beanspruchungsprofile im Bereich der Handlung aufwiesen (vgl. hierzu Bild 37).
In Bild 44 sind die wesentlichen Ergebnisse der arbeitsphysiologischen Untersuchungen dargestellt, die sich aufgrund von durchschnittlich ermittelten Zeitanteilen bezogen auf die unterschiedlichen Arbeitstätigkeiten in der Fertigungsinsel pro Arbeitsschicht ergeben.

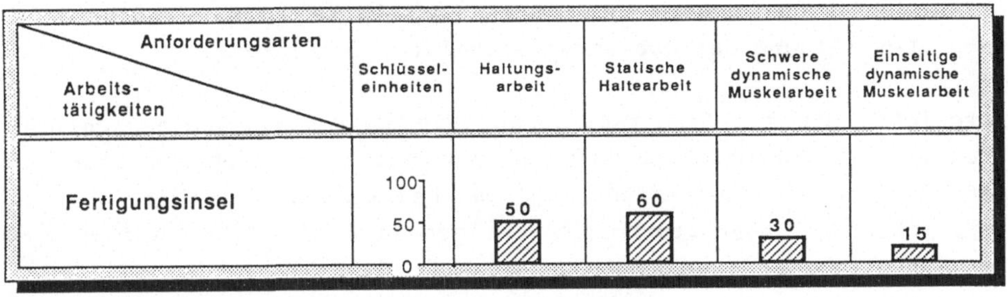

Anforderungsarten / Arbeitstätigkeiten	Schlüsseleinheiten	Haltungsarbeit	Statische Haltearbeit	Schwere dynamische Muskelarbeit	Einseitige dynamische Muskelarbeit
Fertigungsinsel	100 / 50 / 0	50	60	30	15

Bild 44: Wesentliche Ergebnisse der arbeitsphysiologischen Untersuchungen in der Fertigungsinsel

Durch die generelle Möglichkeit, im Rahmen von groben Absprachen innerhalb der Arbeitsgruppe seinen Arbeitsplatz individuell frei wählen zu können, konnten die Spitzenbeanspruchungen, wie sie im Ist-Zustand bei Haltungsarbeit statischer Haltearbeit und schwerer dynamische Muskelarbeit z.B. beim Kokillengießer oder Gußputzer auftraten, für die in der Fertigungsinsel beschäftigten Mitarbeiter deutlich (bis max. 40 %) auf die gesamte Schichtzeit bezogen gesenkt werden.

Selbst bei nahezu unveränderter Beanspruchungshöhe, wie dies z.B. für die in der Fertigungsinsel tätigen Mitarbeiter verglichen mit dem "Gußputzer (Entkernen)" aus dem Ist-Zustand, bezogen auf die Anforderungsart schwere dynamische Muskelarbeit der Fall war, traten für die Fertigungsinselmitarbeiter deutliche Verbesserungen auf weil die unterschiedlichen Arbeitstätigkeiten auch unterschiedliche Körperregionen und Muskelgruppen beanspruchten.
Der Gußputzer (Entkernen) hat zur Ausführung seiner Tätigkeit sowohl beide Arme unter Beteiligung der Oberkörpermuskulatur als auch beide Beine unter Beteiligung der Beckenmuskulatur gleichzeitig im Einsatz. Führt dagegen der Fertigungsinselmitarbeiter eine Tätigkeit an der Kernschießmaschine aus, so sind bezogen auf die Belastung durch schwere dynamische Muskelarbeit "nur" beide Arme unter Beteiligung der Oberkörpermuskulatur im Einsatz.

Verglichen mit den Arbeitspersonen, die im Ist-Zustand ausschließlich an der Bohrmaschine bzw. an der Abpressvorrichtung standen, ist die neue Arbeitssituation in bestimmten Anforderungsarten deutlich höher beanspruchend weil insgesamt die "Last auf mehreren Schultern getragen wird".
In diesem Zusammenhang soll auf die arbeitspsychologische Komponente der menschlichen Arbeit eingegangen werden.

6.3.2 Arbeitspsychologische Ergebnisse

Die arbeitspsychologischen Untersuchungen wurden wie beim AET anhand eines Beobachtungsinterviews mit dem TBS-K vor Ort durchgeführt.

Der Beurteilung mit dem TBS-K lagen außer den direkt beobachtbaren Tätigkeiten vor allem Angaben zur Arbeitsorganisation zugrunde, wie sie z.B. bezüglich der Integration von Umfeldaufgaben in die Fertigungsinsel in Bild 43 gemacht wurden.

Bild 45 zeigt das Ergebnis der TBS-K-Erhebungen für die durchschnittliche Arbeitstätigkeit, die ein Fertigungsinselmitarbeiter auszuführen hat.

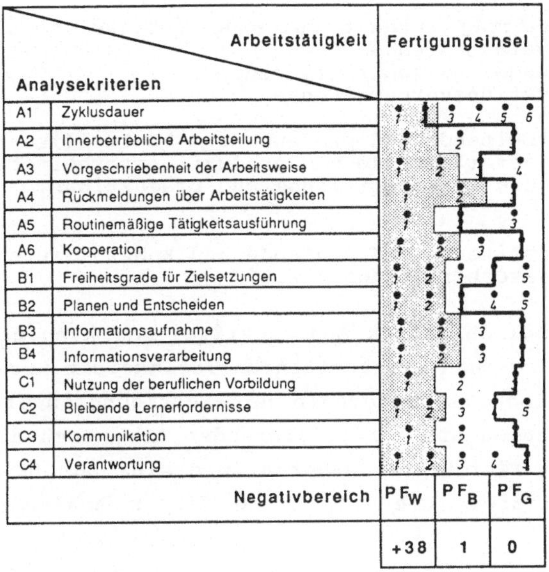

Analysekriterien	Arbeitstätigkeit	Fertigungsinsel
A1	Zyklusdauer	
A2	Innerbetriebliche Arbeitsteilung	
A3	Vorgeschriebenheit der Arbeitsweise	
A4	Rückmeldungen über Arbeitstätigkeiten	
A5	Routinemäßige Tätigkeitsausführung	
A6	Kooperation	
B1	Freiheitsgrade für Zielsetzungen	
B2	Planen und Entscheiden	
B3	Informationsaufnahme	
B4	Informationsverarbeitung	
C1	Nutzung der beruflichen Vorbildung	
C2	Bleibende Lernerfordernisse	
C3	Kommunikation	
C4	Verantwortung	

Negativbereich	PF_W	PF_B	PF_G
	+38	1	0

PF_W : Gesamtpunktwert

PF_B : Bewertungsfaktor

PF_G : Umgestaltungsfaktor

Bild 45: TBS-K-Tätigkeitsprofil der Fertigungsinselmitarbeiter

Zur Verdeutlichung der in Bild 45 gewonnenen Einstufungen soll den 3 Hauptteilen des TBS-K entsprechend, aus jedem Hauptteil ein Analysekriterium herausgegriffen und dessen konkrete Einstufung in das Profil-Blatt detailliert erläutert werden. Dazu ist es notwendig, die betreffenden Einstufungen, die in der Handanweisung zum TBS-K aufgeführt sind, wörtlich zu zitieren /107/.

6.3.2.1 Innerbetriebliche Arbeitsteilung (Analysekriterium A2)

"Die innerbetriebliche Arbeitsteilung besteht in der spezialisierten Gliederung der Arbeitsprozesse, die durch die Kombination unterschiedlicher Arbeitsfunktionen gestaltet werden können." /107/

Stufe:

1 "Der Arbeitsauftrag enthält folgende Tätigkeitsbestandteile: nur be- bzw. verarbeitende oder nur prüfende und kontrollierende oder nur produktionsvorbereitende

2 be- bzw. verarbeitende und prüfende und kontrollierende oder be- bzw. verarbeitende und produktionsvorbereitende oder prüfende und kontrollierende und produktionsvorbereitende

3 be- bzw. verarbeitende und prüfende und kontrollierende und produktionsvorbereitende." /107/

Zur Einstufung bezüglich dieses Analysekriteriums kann gesagt werden, daß neben den be- und verarbeitenden Tätigkeiten zur Komplettbearbeitung der Gußstücke, innerhalb der Fertigungsinsel auch die dazugehörigen prüfenden und kontrollierenden bzw. auch die produktionsvorbereitenden Tätigkeiten gehören, wie dies aus Bild 43 hervorgeht. Dies impliziert die Einstufung dieses Analysekriteriums in Stufe 3.

6.3.2.2 Freiheitsgrade für Zielsetzungen (Analysekriterium B1)

"Freiheitsgrade für Zielsetzungen stellen die Möglichkeit der Wahl zwischen mindestens zwei Tätigkeitsvarianten dar, die die Arbeitskraft bei der Ausführung ihres Arbeitsauftrages prinzipiell besitzt, unabhängig davon, ob die Arbeitskraft sie auch nutzt" /107/.

Stufe:

"Bei forderungsgerechter Tätigkeitsausführung sind:

1 keine objektiven Freiheitsgrade vorhanden, keine selbständigen Zielsetzungen möglich

2 Freiheitsgrad der Tempofestlegung vorhanden

3 Freiheitsgrade der Tempofestlegung und der Abfolgewahl von Arbeitsgangstufen vorhanden

4 Freiheitsgrade der Tempofestlegung, der Abfolgewahl von Arbeitsgangstufen oder Arbeitsgängen und der Wahl des Bearbeitungsweges oder der Arbeitsmittel vorhanden

5 Freiheitsgrade der Tempofestlegung, der Abfolgewahl von Arbeitsgangstufen oder Arbeitsgängen, der Wahl des Bearbeitungsweges oder der Arbeitsmittel und bezüglich Eigenschaften der zu findenden Lösung oder des zu fertigenden Produkts vorhanden" /107/.

Aufgrund der Rahmenvorgaben, die z.B. die Fertigungssteuerung der Fertigungsinsel bezüglich

- der herzustellenden Produkte,
- der abzuliefernden Mengen und
- der einzuhaltenden Termine

vorgibt, ist eine Einstufung in Stufe 4 angemessen.

6.3.2.3 Kommunikation (Analysekriterium C3)

"Kommunikation bedeutet für die Arbeitskräfte die Möglichkeit zum gegenseitigen Kontakt und Erfahrungsaustausch" /107/.

Stufe:

"Für die forderungsgerechte Ausführung des Arbeitsauftrages sind soziale Kontakte:

1 nicht erforderlich (aber möglich), lediglich zugelassen

2 erforderlich (und möglich), die forderungsgerechte Ausführung des Arbeitsauftrages ist in Grenzen, jedoch auch ohne soziale Kontakte möglich und

3 unerläßlich, bei deren Vernachlässigung sind Effektivitäts- und Qualitätsminderungen zu erwarten" /107/.

Das Konzept der Fertigungsinsel geht von gegenseitigen Absprachen innerhalb der Arbeitsgruppe als wesentlichem Bestandteil intelligenter Arbeits- und Steuerungsleistung aus, so daß sich hier die Einstufung in Kategorie 3 per se ergibt.

Insgesamt kann festgestellt werden, daß die Arbeitsinhalte pro Mitarbeiter in der Fertigungsinsel mit dem Gesamtpunktewert von + 38 gemäß Bild 45 sehr hohe Voraussetzungen für eine Persönlichkeitsförderlichkeit der Arbeitstätigkeit aufweisen und somit keinerlei Umgestaltungserfordernisse ($PF_G=0$) aus arbeitspsychologischer Sicht mehr vorliegen.

6.3.3 Wirtschaftliche Ergebnisse

In Bild 46 sind die Ergebnisse, die mit Hilfe der interaktiven Simulation gewonnen wurden, bezüglich der Gesamtdurchlaufzeiten in Arbeitstagen dargestellt.

Vergleicht man diese simulierten Gesamtdurchlaufzeiten von 50 Aufträgen mit den in Bild 36 dargestellten realen Durchlaufzeiten, so stellt man fest, daß für alle Aufträge durchschnittlich eine prozentuale Durchlaufzeitverkürzung von ca. 80 % bezogen auf die realen Durchlaufzeiten erreicht werden konnte. Die mittlere Gesamtdurchlaufzeit der Aufträge würde sich damit bei Umstellung auf das Konzept der Fertigungsinsel von 18 Arbeitstagen im Ist-Zustand auf 3 Arbeitstage in der Fertigungsinsel reduzieren. Diese Größenordnung der Durchlaufzeitverkürzung wird auch von zahlreichen anderen Arbeiten für den <u>zerspanenden Bereich</u> bestätigt. So findet sich beispielsweise in /46, 117/ eine Verteilung der Verringerung von Gesamtdurchlaufzeiten zwischen 60 % - 88 % und die damit verbundene Verringerung der Kapitalbindung wird zwischen 44 % und 60 % angegeben.

Die Verkürzung der Durchlaufzeiten im vorliegenden Fallbeispiel kann u.a. mit einem historisch gewachsenen und damit <u>unzulänglichen</u> ablauforganisatorischen Ist-Zustand begründet werden:

- Die Aufteilung des Unternehmens in zwei getrennte Werke führte für bestimmte Produktionsabläufe zu hohen organisatorischen Reibungsverlusten,
- innerhalb der Werke waren einzelne Fertigungsbereiche kapazitiv unzureichend ausgelegt und
- aufgrund zahlreicher Verflechtungen zwischen Kokillengießerei und Druckgießerei entstand z.T. eine Konkurrenzsituation um Betriebsmittel- und Personalkapazitäten.

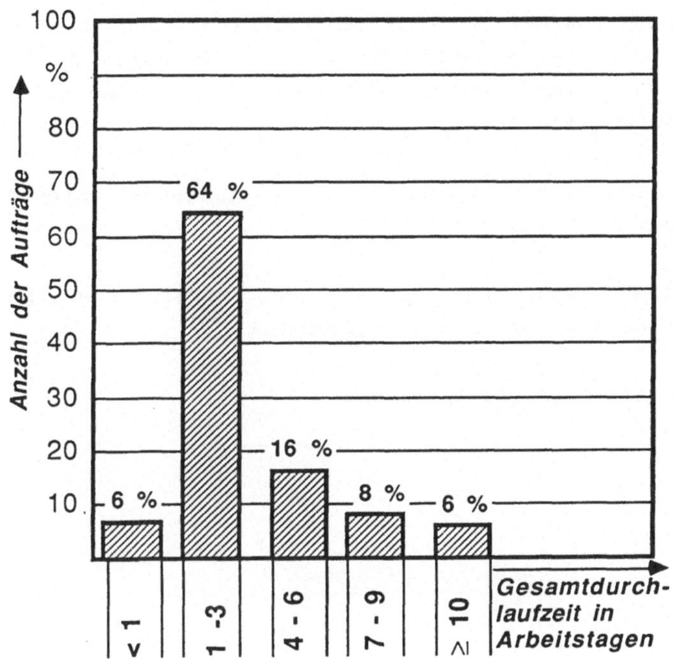

Bild 46: Häufigkeitsverteilung der Gesamtdurchlaufzeiten auf der Basis der Simulationsergebnisse

Mit der Reduzierung der einzelnen Durchlaufzeiten ist auch grundsätzlich eine Reduzierung der entsprechenden Kapitalbindungen verbunden. Nach /129/ wird die Kapitalbindung im Fertigungsbereich als "Produkt aus Durchlaufzeit und Materialwert zuzüglich der Wertsteigerung definiert. Bezogen auf diesen Anwendungsfall ergäbe sich mit der Umstellung von der Werkstattfertigung auf die Fertigungsinsel eine Reduzierung der Kapitalbindung um 70 %.

Außer der Reduzierung der Durchlaufzeiten sprachen während des Probebetriebes noch mehrere Anhaltspunkte dafür, daß die Gußqualität innerhalb der Fertigungsinsel im Vergleich zum Verrichtungsprinzip ansteigen würde. So konnten beispielsweise innerhalb der

Fertigungsinsel schon nach wenigen Stunden abgegossene Teile zerspanend weiterbearbeitet und auf Lunkerbildung hin untersucht werden, wodurch bei Bedarf noch Korrekturen durch den Schmelzbetrieb - im Gegensatz zum Verrichtungsprinzip - innerhalb der laufenden Serie möglich waren.

Insgesamt kann damit aufgrund der vorliegenden Ergebnisse der Anspruch aus der Planung auf

- Verbesserung der Arbeitsqualität bei gleichzeitiger
- Steigerung der Wirtschaftlichkeit

als abgesichert betrachtet werden.

7 ZUSAMMENFASSUNG

Die gegenwärtigen Veränderungen auf dem Absatz- und Arbeitsmarkt zwingen die Industrieunternehmen, ihre Konzeptionen im Produktionsbereich neu zu überdenken.
Besonders betroffen von diesen Veränderungen ist das Gießereiwesen, welches als überwiegend reine Zulieferindustrie nicht über eine eigene Produktpalette am Markt agiert, sondern "nur" auf Kundenforderungen aus dem Markt reagieren kann.

Die vielfältigen Bemühungen der Gießereiindustrie in der Vergangenheit, den gestiegenen Anforderungen der Abnehmer und den veränderten Bedürfnisstrukturen der Mitarbeiter mit rein technischen Maßnahmen gerecht zu werden, brachten in weiten Bereichen nicht den gewünschten Erfolg. Diese Erkenntnis führte dazu, daß auch das organisatorische Konzept überprüft und den veränderten Bedingungen angepaßt werden muß.

Ein Ansatzpunkt über Planungs- und Steuerungsmechanismen zielgerichtet auf bestehende Organisationsstrukturen verändernd einzuwirken, um damit den gießereispezifischen Anforderungen von heute und morgen in organisatorisch-personeller Hinsicht besser gerecht zu werden, stellt das Konzept der Fertigungsinsel als eine idealtypische Erscheinungsform Neuer Arbeitsstrukturen dar.

Im Rahmen dieser Arbeit wird deshalb ein Beitrag zur Planung und Bewertung Neuer Arbeitsstrukturen, dargestellt am Beispiel der Fertigungsinsel geleistet, in dem die Komplexität dieser Aufgabenstellung systematisch in operationale Teilprobleme zerlegt wird, ohne daß dabei der Gesamtzusammenhang verloren geht bzw. unzulässige Vereinfachungen entstehen.

Noch im Vorfeld der eigentlichen Planung werden daher in einem ersten Schritt Neue Arbeitsstrukturen anhand ihrer signifikanten Merkmale beschrieben und die charakteristischen Unterschiede gegenüber konventionellen Arbeitsstrukturen einschließlich der sich hieraus ergebenden Konsequenzen für den Planungsprozeß verdeutlicht.

Der Komplexität der Aufgabenstellung entsprechend, werden die unterschiedlichen planungsrelevanten Gegenstandsbereiche und deren Wechselbeziehungen aufgezeigt und daraus die wesentlichen Planungsschritte zur Planung und Bewertung von Fertigungsinseln abgeleitet.

Die sachgerechte effiziente Abwicklung dieser Planungsschritte erfordert zum einen deren inhaltliche und logische Einbettung in ein systematisches Vorgehen und zum anderen den speziellen Einsatz geeigneter Methoden und Hilfsmittel.

Daher wird ausgehend vom systemtechnischen Ansatz eine gestufte Vorgehensweise zur Planung und Bewertung von Fertigungsinseln entwickelt und den einzelnen Planungsphasen sowohl wesentliche Planungsschritte als auch geeignete Methoden und Hilfsmittel zugeordnet.

Speziell bei Neuen Arbeitsstrukturen bildet der Mensch den Ausgangspunkt und die Bewertungsgrundlage für die menschengerechte Konzeption von Arbeitssystemen.
Dieser Tatsache wird hier durch den kombinierten Einsatz von ingenieur- und arbeitswissenschaftlichen Methoden und Verfahren und deren teilweise Weiterentwicklung und Anpassung an gießereispezifische Verhältnisse im Planungsprozeß Rechnung getragen.
Anhand ausgewählter Planungsschritte wird detailliert auf die Interaktion zwischen Technik und Organisation als Grundlage für eine personalorientierte Auslegung von Fertigungsinseln eingegangen.

Im abschließenden Schritt der Arbeit wird neben der Anwendbarkeit der entwickelten Vorgehensweise vor allem der mit der Planung verbundene Anspruch nach "Verbesserung der Arbeitsqualität" und "Steigerung der Wirtschaftlichkeit" am Beispiel einer realisierten Pilot-Fertigungsinsel abgesichert.

Außer einer deutlichen Verbesserung im arbeitsphysiologischen und arbeitspsychologischen Bereich, konnte eine erhebliche Reduzierung der Gesamtdurchlaufzeiten als wesentliche Ergebnisse nachgewiesen werden.

LITERATUR

/1/ Bullinger, H.-J.: Systematisches Vorgehen zur Planung komplexer und automatisierter Produktionssysteme
In: REFA Organisationsforum 1987
Darmstadt: REFA, 1987

/2/ Klingenberg, H., Kränzle, H. P.: Humanisierung bringt Gewinn - Modelle aus der Praxis.
In: RKW Sonderdruck Band 2 Fertigung und Fertigungssteuerung 1987

/3/ Schiele, O.H.: Neue Techniken - neue Arbeitsorganisation
In: Werkstatt und Betrieb 120 (1987) Nr. 50, S. 775 - 777

/4/ Gauderon, E.: Mit der Gruppentechnologie zu neuen Arbeitsformen
In: Technische Rundschau (1987) Nr. 41, S. 20 - 25

/5/ Enderlein, H.: Konzeption zur Verbindung der Fließmontage mit der Nestmontage
In: Fertigungstechnik und Betrieb Berlin 36 (1986) Nr. 7 S. 412 - 415

/6/ Vähning, H.; Weller, B.: Planung eines personalorientierten Montagesystems
In: Wt - Werkstattechnik, Zeitschrift für industrielle Fertigung 74 (1984) Nr. 1, S. 43 - 36

/7/ Autorenkollektiv: Fertigungsinseln - Fertigungsstruktur mit Zukunft
In: AWF-Fachtagung, 10. - 11. Dezember 1987, Taunus Tagungs-Zentrum Bad Soden/TS
Eschborn: AWF, 1987

/ 8/ Ludemann, P.: Einflüsse auf das Kündigungsverhalten von Gießereiarbeitern
In: Gießerei 69 (1982) Nr. 11, S. 306 - 309

/ 9/ o.V.: Trotz Lehrstellenknappheit: Gießerei findet keine Auszubildenden
In: Gießerei 72 (1985) Nr. 15, S. 473

/10/ Kalthoff, H.-L.: HdA-Forschungsprojekt "Arbeit in Gießereien"
In: Gießerei 73 (1986) Nr. 7, S. 191 - 196

/11/ o.V.: Metallgießerei - Industrie
In: Gießerei 71 (1984) Nr. 1/2, S. 110 - 113

/12/ o.V.: Die Gießerei als Gesamtanlage: Was ist eine moderne Gießerei?
In: Gießerei 71 (1984) Nr. 1/2, S. 78 - 80

/13/ o.V.: Zeitgemäße Betriebsorganisation als Grundlage für wirtschaftliche Fertigung
In: Gießerei 71 (1984) Nr. 1/2, S. 81 - 83.

/14/ Rühl, G.: Untersuchungen zur Arbeitsstrukturierung
In: Industrial Engineering 3 (1973) Nr. 1, S. 147 - 197

/15/ Zippe, B.-H.: Die betriebswirtschaftliche Beurteilung Neuer Arbeitsformen
Mainz: Krausskopf, 1979
Zugl.: Dissertation Universität Stuttgart, 1979

/16/ o.V.: Flexible Fertigungsorganisation am Beispiel von Fertigungsinseln
In: AWF-Fachtagung, 06. - 07. Juni 1984 Taunus Tagungs-Zentrum Bad Soden/TS
Eschborn: AWF, 1984

/17/ Hacker, W.: Allgemeine Arbeits- und Ingenieurpsychologie
2. Auflage
Bern; Stuttgart; Wien: Huber, 1978

/18/ Hacker, W.: Arbeitspsychologie
Bern; Stuttgart; Toronto: Hans Huber, 1986

/19/ Hacker, W.; Iwonowa A.; Richter, P.: Tätigkeitsbewertungssystem (TBS) Handanweisung
Psychodiagnostisches Zentrum Dresden, 1980

/20/ Wolff, S.; Wolff, T.: Der TBS-K - ein Verfahren zur Bewertung und Gestaltung von progressiven Inhalten der Arbeit
In: Sozialistische Arbeitswissenschaft 24 (1980) Nr. 1, S. 44 - 52

/21/ Schmidtke, H. [Hrsg.]: Lehrbuch der Ergonomie
München; Wien: Carl Hanser, 1981

/22/ Rohmert, W. [Hrsg.]: Entwicklung und Erkenntnisse der Arbeitswissenschaft
Berlin; Köln; Frankfurt: Beuth-Vertrieb GmbH, 1974

/23/ Rohmert, W.; Landau, K.: Das Arbeitswissenschaftliche Erhebungsverfahren zur Tätigkeitsanalyse (AET) Handbuch
Bern; Stuttgart; Wien: Huber, 1979

/24/ Bussick, J.: Unternehmensgröße - Flexibilität-Überlebenschancen
In: Management Zeitschrift i.o. 48 (1979) Nr. 4, S. 175 - 177

/25/ Handwörterbuch der Organisation
Hrsg. von E. Grochla
Stuttgart: C.E. Poeschel, 1980

/26/ Hackstein, R.; Virnich, M.: Stand der EDV in Gießereibetrieben - Ergebnisse einer Umfrage
In: Gießerei 72 (1985) Nr. 12, S. 337 - 343

/27/ Nespeta, H.: Bestandsaufnahme der Fertigungstiefe in deutschen Metallgießereien - Ergebnisse einer Umfrage Vortrag anläßlich einer Mitgliederversammlung des Gesamtverbandes Deutscher Metallgießereien (GDM) 1984 in Baden Baden Interner Arbeitsbericht des Fraunhofer-Instituts für Arbeitswirtschaft und Organisation (IAO), Stuttgart 1984

/28/ Ammer, J.; Nespeta, H.; Siegmann, R.: Untersuchungen zur Neuplanung einer menschengerechten NE-Metallgießerei Bonn: BMFT, 1983 unveröffentl. Forschungsbericht (01 VC 0115)

/29/ Autorenkollektiv: Entwicklung und Planungsarbeiten zur Verbesserung der Arbeitsbedingungen in einer Schwermetall-Gießerei unter gesamtorganisatorischen Aspekten Bonn: BMFT, 1983 unveröffentl. Forschungsbericht

/30/ Rockstuhl, J.P.: Die neue Fertigungstechnologie und ihr Einfluß auf die Gießtechnik In: Giesserei 72 (1985) Nr. 1, S. 11 - 15

/31/ Zürn, R.: Planung und Sicherung der Qualität von Druckguß aus der Sicht des Abnehmers - Gegenwärtiger Stand und Perspektiven In: Giesserei 70 (1983) Nr. 19, S. 507 - 513

/32/ Mietrach, D.: Leichtmetallguß: Heutiger Stand der Technik und zukünftige Perspektiven für seine Anwendung in der Luftfahrtindustrie In: Giesserei 72 (1985) Nr. 13, S. 383 - 388

/33/ Endruweit, G.: Neue Strukturen der Arbeitsorganisation aus der Sicht der Tarifpartner In: Zeitschrift für Arbeitswissenschaft 31 (1977) Nr. 4, S. 197 - 201

/34/ Autorenkollektiv: Neue Arbeitsstrukturen in Teilefertigung und Montage.
Teil I: Teilefertigung
Frankfurt; New York: Campus, 1983
(Schriftenreihe Humanisierung des Arbeitslebens; Band 48)

/35/ Autorenkollektiv: Neue Arbeitsstrukturen in Teilefertigung und Montage
Teil II: Montage
Frankfurt; New York: Campus, 1983
(Schriftenreihe Humanisierung des Arbeitslebens; Band 49)

/36/ Autorenkollektiv: Arbeitsgestaltung in der Serienfertigung
New York: Campus, 1984
(Schriftenreihe Humanisierung des Arbeitslebens, Band 53)

/37/ Bispinck, R.: Montagetätigkeit im Wandel - Arbeitsbedingungen zwischen Fließband und Computer -
In: WSI-Mitteilungen 36 (1983), S. 88 - 101

/38/ Autorenkollektiv: Neue Arbeitsstrukturen in der Fertigung von komplexen elektrischen Verteilungssystemen.
Eggenstein-Leopoldshafen: Fachinformationszentrum, 1985
(BMFT-Forschungsbericht: HA; 85 - 006)

/39/ Bullinger, H.-J.: Vorgehensweise zur Planung und Realisierung von Fertigungssystemen
In: Wettbewerbsfähige Arbeitssysteme, Problemlösungen für die Praxis
Vorträge der 2. IAO-Arbeitstagung
Berlin u.a.: Springer, 1983

/40/ Mann, W.E.: Organisationsentwicklung in der Produktion
Wege zur Produktivität und Flexibilität.
Grafenau/Württ.: expert, 1984
Zugl.: Dissertation Universität Dortmund, 1984

/41/ Warnecke, H.-J.: Taylor und die Fertigungstechnik von morgen In: Schriftliche Fassung der Vorträge zum Fertigungstechnischen Kolloquium 1985 in Stuttgart, Berlin u.a.: Springer, 1985

/42/ o.V.: Planung und Gestaltung komplexer Produktionssysteme. Methodenlehre der Betriebsorganisation / Hrsg.: REFA. München: Hanser, 1987

/43/ Ahlmann, H.-J.: Fertigungsinsel - eine alternative Produktionsstruktur
In: Werkstatt und Betrieb 113 (1980) Nr. 10, S. 641 - 648

/44/ Warnecke, H.-J.; Lederer, K.G.; Nespeta, H.: Arbeitsstrukturierung in der Teilefertigung Stand und Vorgehensweise aus der Sicht der Praxis
In: REFA Nachrichten 33 (1980) Nr. 1, S. 3 - 11

/45/ Wolf, M.: Fertigungszellen ein Beitrag zu ihrer Planung und Steuerung
Stuttgart; Universität; Dissertation, 1979

/46/ Saak, V.: Ein Simulationsmodell zur Planung gruppentechnologischer Fertigungszellen
Berlin u.a.: Springer, 1982
Zugl. Dissertation Universität Stuttgart, 1982

/47/ Heinz, K.; Klaas, K.-J.: Rechnergestützte Strukturierung der Teilefertigung
In: Moderne Fabrikorganisation Stand und Entwicklungstendenzen
[Hrsg.]: F.v. Below, A. Borges und F. Hildebrandt, Berlin u.a.: Springer, 1985

/48/ Craven, F.W.: Menschliche Aspekte der Gruppentechnologie. Studie über die Auswirkung von Gruppenfertigungsmethoden auf die Humanisierung der Arbeit.
Turin: Internationales Zentrum für berufliche und fachliche Fortbildung, 1975

/49/ Fazakerley, G.M.: Der Beitrag der Gruppentechnologie zur Arbeitszufriedenheit
Turin: Internationales Zentrum für berufliche und fachliche Fortbildung, 1976
(Hintergrundpapier Nr. 5)

/50/ Fazakerley, G.M.: Social Benefits and Social Problems
In: Production Engineer (1974), S. 383 - 386

/51/ Ranson, G.M.: Group Technology - An Important Step towards the Humanisation of Work. A Study of the Effects of Group Production Methods on the Humanisation of Work
Turin: International Centre of Advanced Technical and Vocational Training, 1979

/52/ Brödner, P.: Group Technology - A Strategy towards Higher Quality of Working Life: Design of Work in Automated Manufacturing-systems.
IFAC Workshop; Karlsruhe 1983, S. 33 - 39

/53/ Mitrofanow, S.P.: Wissenschaftliche Grundlagen der Gruppentechnologie 2. Auflage
Berlin (Ost): Verlag Technik 1960

/54/ Law, T.D.; u.a.: First Report of Working Group E 4: Technology, Casting Classification
In: British Foundryman 71 (1978) S. 1 - 7

/55/ Czikel, J.; Zebisch, G.: Beitrag zur Klassifikation von Gußstücken, Freiberger Forschungshefte. Reihe B 105 (1966)
S. 11 - 46

/56/ Law, T.D.; Newman T.D.: Developing a Casting Classification System for Cost Estimating
In: British Foundryman 71 (1978), S. 8 - 13

/57/ Pacyna, H.: Die Gußstückklassifikation als Hilfsmittel für die Lösung betriebswirtschaftlicher Aufgaben in der Gießerei
Habilitation Technische Hochschule Aachen, 1967

/58/ Korzh, M.S.: Group Technology applied to Gravity Diecasting
In: Russian Casting Production (1967), S. 385 - 387

/59/ Law, T.D.; u.a.: Group Technology for the Foundry-Industry
In: British Foundryman 71 (1978), S. 125 - 134

/60/ Connolly, R.; Sabberwal, A.J.P.: Gruppentechnologie zur Optimierung der Fertigungsvariablen
In: Fertigung (1973) Nr. 1, S. 13 - 20

/61/ Engels, G.; Schneider, G.: Stand und Entwicklungstendenzen des Vakuumformverfahrens.
In: Giesserei 73 (1986) Nr. 7, S. 491 - 495

/62/ Boenisch, D.: Das Coldbox-plus-Verfahren - höhere Kernqualität bei geringerem Binderbedarf
In: Giesserei 72 (1985) Nr. 15, S. 435 - 444

/63/ o.V.: Gedämpfte Schleifscheibe vermindert stark das Arbeitsgeräusch
In: Giesserei 73 (1986) Nr. 24, S. 727

/64/ Stallherm, H.: Absaugen und Abscheiden von Gasen und Dämpfen an Druckgießmaschinen
In: Giesserei 72 (1985) Nr. 2, S. 43 - 46

/65/ Vöhringer, M.: Absaugen und Abscheiden von Spänen und Stäuben beim Bearbeiten von Aluminiumlegierungen
In: Giesserei 72 (1985) Nr. 3, S. 65 - 68

/66/ Meier, R.: Neue automatisierte Schmelzanlage für eine Aluminium Druckgießerei
In: Giesserei 73 (1986) Nr. 5, S. 107 - 112

/67/ Autorenkollektiv: NC-gesteuertes Gußputzen
Ein Beitrag zur Automatisierung der Putzbearbeitung in Leichtmetallgießereien.
In: Giesserei 68 (1981) Nr. 18, S. 525 - 531

/68/ Waninger, D.: Einsatz von Manipulatoren in der Gießerei - Erfahrungen und Entwicklungen
In: Giesserei 71 (1984) Nr. 25, S. 953 - 957

/69/ Weck M.; Fürbaß J.P.: Automatisierung verbessert Arbeitsbedingungen beim Gußputzen
In: Giesserei 73 (1986) Nr. 7, S. 183 - 187

/70/ Bolle H.,: Humanisierung von Arbeitsplätzen in der Kundengießerei durch Einsatz einer automatischen Gußputzeinrichtung
Eggenstein-Leopoldshafen: Fachinformationszentrum 1981
(BMFT-Forschungsbericht: HA-81-004)

/71/ Roeb M.; Hinze A.: Zum Einfluß der Technisierung auf den Arbeitsinhalt von Tätigkeiten in Gießereien
In: Gießereitechnik 31 (1985) Nr. 3, S. 87 - 90

/72/ Tacke D.: Läßt sich der Einsatz von Robotern zum Putzen heute schon sinnvoll rechtfertigen?
In: Giesserei 71 (1984) Nr. 11, S. 277 - 284

/73/ Nespeta H.: Organisatorische Anpassung bei neuen Arbeitsformen in Gießereibetrieben
Humanisierung in Gießereibetrieben
Zentrale Arbeitstagung der IG-Metall
16/17 November 1981 in Nümbrecht

/74/ Glöckner W.; Schmidt J.: Die Schaffung autonomer Produktionseinheiten als Konzept zur Rationalisierung der Gußstücknachbehandlung
In: Giesserei 72 (1985) Nr. 9, S. 271 - 274

/75/ Glöckner W.; Schmidt J.; Ambos E.: Autorenkollektiv: Neue Formen der Fertigungsorganisation in Nachbehandlungsabteilungen von Gießereien
In: Gießereitechnik 30 (1984) Nr. 5, S. 131 - 134

/76/ Caspers K.H.: Verwirklichung zeitnaher Arbeitsgestaltung in einer Eisengiesserei für Motorenteile
In: Giessserei 67 (1980) Nr. 19, S. 583 - 587

/77/ Pokrzywnicki B.; Glöckner W.: Arbeitsorganisatorische Maßnahmen zur Effektivitätserhöhung von Fertigungsprozessen im Gießereiwesen
In: Gießereitechnik 33 (1987) Nr. 7, S. 205 - 207

/78/ Schmidtchen, G.: Neue Technik - Neue Arbeitsmoral
Eine sozialpsychologische Untersuchung über Motivation in der Metallindustrie
Köln: Deutscher Instituts-Verlag, 1984

/79/ Mann, E.: Organisationsentwicklung in der Produktion
Ansätze zur Integration der Mitarbeiter
In: Fortschrittliche Betriebsführung und Industrial Engineering 34 (1985) Nr. 3, S. 128 - 135

/80/ Nordsieck, F.: Betriebsorganisation 4. Auflage
Stuttgart: C.E. Pöschel, 1972

/81/ Weil, R.: Neue Unternehmens- und Arbeitsstrukturen in der französischen Metallindustrie
In: Schriftenreihe des Institutes für angewandte Arbeitswissenschaft, 1977

/82/ Taylor, F.W.: Die Grundsätze wissenschaftlicher Betriebsführung = (The principles of scientific management)/neu hrsg. und eingel. von W. Volpert u. R. Vahrenkam, 1. Aufl., Nachdr. d. autoris. Ausg. von 1913,
R. Odenbourg Verlag, Weinheim; Basel: Beitz 1977

/83/ Maslow, A.H.: Motivation and Personality, 2. Auflage
New York; Evanston; London: 1970

/84/ Mc. Gregor, D.: Der Mensch im Unternehmen
Düsseldorf; Wien: 1970

/85/ Herzberg, F.; Mausner, B.; Snydermann, B.: The Motivation to Work
New York; London; Sydney: 1959

/86/ Kleinbeck, U.; Schmidt K.-H.: Angewandte Motivationspsychologie in der Arbeitsgestaltung Psychologie und Praxis
In: Zeitschrift für Arbeits- und Organisationspsychologie 27 (1983) (N.F.1) Nr. 1, S. 13 - 21

/87/ Hackstein, R.; Maskow, J.: Analyse von Arbeitsinhalten der Fertigung
In: Zeitschrift für Fortschrittliche Betriebsführung und Industrial Engineering 30 (1981) Nr. 4, S. 285 - 293

/88/ Lankenau, K.: Handlungsspielraum, Beurteilung der Arbeitstätigkeit und Qualifizierungsbereitschaft
Psychologie und Praxis
In: Zeitschrift für Arbeits- und Organisationspsychologie 28 (N.F.2) (1984), S. 109 - 118

/89/ Gottschalch, H.: Spielräume technisch-organisatorischer Gestaltung bei Automation
In: Zeitschrift Führung und Organisation 51 (1982) Nr. 2, S. 77 - 86

/90/ Zülch, G.: Arbeitsstrukturierung bei hochautomatisierter Fertigung
In: Zeitschrift für Fortschrittliche Betriebsführung 30 (1981) Nr. 1, S. 27 - 33

/91/ Luckie, M.: Die Bedeutung subjektiver Erwartungen bei Arbeitsstrukturierungsprozessen
In: Humane Produktion (1986) Nr. 7, S. 10 - 12

/92/ Tavistock-Institute: Characteristics of Social Technical Systems, Document 527 London: 1960

/93/ Gälweiler, A.: Unternehmensplanung Grundlagen und Praxis
Frankfurt; New York: Herder u. Herder, 1974

/94/ Patzak, G.: Systemtechnik - Planung komplexer innovativer Systeme
Berlin, u.a.: Springer, 1982

/95/ Haberfellner, R.: Systems Engineering (SE)
Eine Methodik zur Lösung komplexer Probleme
In: Zeitschrift für Organisation 42 (1973) Nr. 7, S. 373 - 386

/96/ Hirzel, M.; Miketta, E.: Planungsvorgehen in komplexen Systemen
In: Zeitschrift für Organisation 43 (1974) Nr. 5, S. 255 - 259

/97/ Bucksch, R.: Analyse und Planung komplexer Systeme und Strukturen
In: Zeitschrift für Organisation 41 (1972) Nr. 7, S. 358 - 360

/98/ Zangermeister, C.: Systemtechnik - eine Methode zur zweckmäßigen Gestaltung komplexer Systeme
In: Zeitschrift für Organisation 39 (1970) Nr. 5, S. 209 - 217

/99/ Büchen, W.: Planung einer neuen Metallgießerei unter besonderer Berücksichtigung der Humanisierung der Arbeit
In: Giesserei 72 (1985) Nr. 14, S. 411 - 415

/100/ Karg, P.; Staehle, W.: Analyse der Arbeitssituation Verfahren und Instrumente
Freiburg: Rudolf Haufe, 1982

/101/ Rempp, H.; Boffo, M.; Lay, G.: Wirtschaftliche und soziale Auswirkungen des CNC-Maschineneinsatzes
Studie des Fraunhofer-Instituts für Systemtechnik und Innovationsforschung
Eschborn, 1981

/102/ Hackstein, R.: Arbeitswissenschaft
In: Handbuch der Organisation Hrsg. von E. Grochla
Stuttgart: C.E. Poeschel, 1980

/103/ Jäger, P.: Belastungs- und Beanspruchungsanalyse
In: Fortschrittliche Betriebsführung und Industrial Engineering 27 (1978) Nr. 2, S. 110 - 116

/104/ Iwanowa, A.; Hacker, W.: Das Tätigkeitsbewertungssystem Ein Hilfsmittel beim Erfassen potentiell gesundheits- und entwicklungsförderlicher objektiver Tätigkeiten Psychologie und Praxis
In: Zeitschrift für Arbeits- und Organisationspsychologie 28 (1984) Nr. 2, S. 57 - 66

/105/ Hackstein, R.: 1857 - 1982: 125 Jahre "Arbeitswissenschaft" in Europa - Was sagt das uns heute?
In: Zeitschrift für Arbeitswissenschaft 36 (8 NF) (1982/3), S. 129 - 131

/106/ Autorenkollektiv: Untersuchung der Arbeitsplatzverhältnisse und Belastungsabbau in einer Gießerei Berichtsteil II
Eggenstein-Leopoldshafen: Fachinformationszentrum 1984
(BMFT-Forschungsbericht: HA-84-041)

/107/ Wolff, S.; Wolff, K.; Hacker, W.: Handanweisung zur Analyse, Bewertung und Gestaltung persönlichkeitsförderlicher Voraussetzungen von Arbeitstätigkeiten
Unterlagen der Sektion Arbeitswissenschaften, TU Dresden, 1980

/108/ Herzog, H.-H.: Wege zu Fertigungsinseln
Bildung von Teilefamilien
In: Technische Rundschau 40 (1986), S. 24 - 26

/109/ EL-Essawy, J.F.: Group Technology - Component Flow Analysis for the Design of Manufacturing Systems.
Branchenseminar Fertigungsindustrie (1973), München

/110/ Mönig, H.: Fertigungsorganisation und Wirtschaftlichkeit
In: Zeitschrift für Betriebsführung 37 (1985) Nr. 1, S. 83 - 101

/111/ Hallwachs, U.: Arbeitswissenschaftliche Beurteilung des Standes der Technik im Gießereisektor
Diplomarbeit am Lehrstuhl für Industrielle Fertigung und Fabrikbetrieb
Universität Stuttgart, 1983

/112/ Spur, G.; Stöferle, Th. [Hrsg.]: Handbuch der Fertigungstechnik Band 1 Urformen
München; Wien: Carl Hanser, 1981

/1113 Bullinger, H.-J.; Kölle, J.H.; Scheiber, R.E.: Organisatorische Anpassung bei Neuen Arbeitsformen in der Produktion - dargestellt am Beispiel der Fertigungssteuerung Teil 1
In: Arbeitsvorbereitung 16 (1979) Nr. 3, S. 89 - 95

/114/ Bullinger, H.-J.; Kölle, J.H.; Scheiber, R.E.: Organisatorische Anpassung bei Neuen Arbeitsformen in der Produktion - dargestellt am Beispiel der Fertigungssteuerung Teil 2
In: Arbeitsvorbereitung 16 (1979) Nr. 4, S. 121 - 126

/115/ Scheiber, R.E.; Witzgall, E.: Arbeitsorganisation und Höherqualifizierung in der Teilefertigung
In: Fortschrittliche Betriebsführung und Industrial Engineering 26 (1977) Nr. 2, S. 111 - 116

/116/ Martin, H.: Menschengerechte Produktionsplanung und -steuerung
In: Fortschrittliche Betriebsführung und Industrial Engineering 27 (1978) Nr. 3, S. 149 - 154

/117/ Scheiber, R.E.: Algorithmen zur flexiblen Gestaltung der kurzfristigen Fertigungssteuerung
Berlin, u.a.: Springer 1984
Zugl. Dissertation Universität Stuttgart, 1983

/118/ Kölle, H.-J.; Scheiber, R.E.; Weber, G.: Fertigungssteuerungssysteme für neue Arbeitsformen in der Produktion
In: Zeitschrift für wirtschaftliche Fertigung 75 (1980) Nr. 7, S. 321 - 326

/119/ Manske, F.; Wobbe-Ohlenburg, W.; Michler, O.: Rechnerunterstützte Systeme der Fertigungssteuerung in der Kleinserienfertigung - Auswirkungen auf die Arbeitssituation und Ansatzpunkte für eine menschengerechte Arbeitsgestaltung
KfK-PFT-Berichte Band 90 Karlsruhe, 1985

/120/ Warnecke, H.-J. [Hrsg.]: Der Produktionsbetrieb
Berlin, u.a.: Springer 1984

/121/ Lederer, K.G.: Fertigungssteuerung bei flexiblen Arbeitsstrukturen
Berlin u.a. Springer 1977
Zugl. Dissertation Universität Stuttgart 1977

/122/ Autorenkollektiv: Rationalisierung indirekter Bereiche
Eschborn: AWF, 1985

/123/ Autorenkollektiv: Elektronische Datenverarbeitung bei der Produktionsplanung und -steuerung VI: Begriffszusammenhänge und Begriffsdefinitionen
Düsseldorf: VDI-Verlag, 1978

/124/ Pack, J.: Arbeitsanforderungen an Gießereiarbeitsplätzen mit unterschiedlichem Technisierungsniveau
In: FhG-Berichte 3/4, 1983 S. 21 - 26

/125/ Dittmayer, S.: Arbeits- und Kapazitätsteilung in der Montage
Berlin, u.a.: Springer 1981
Zugl. Dissertation Universität Stuttgart 1981

/126/ Pfeiffer, W.; Dörrie, v.; Stoll, E.: Menschliche Arbeit in der Produktion
Göttingen: Vaudenhoeck und Ruprecht, 1977

/127/ Bullinger, H.-J.; Schweizer, W.: Interaktive Simulation von Montagesystemen
In: Wt-Werkstattechnik, Zeitschrift für industrielle Fertigung 75 (1985) Nr. 7, S. 421 - 424

/128/ Schweizer, W.: Interaktive Simulation von flexiblen Montagesystemen
In: Grapische Unterstützung der Planung und Steuerung in der Produktion:
Techno Congress 25 - 26. Februar 1988.
München: Techno Congress, 1988, S. 1 - 10

/129/ Heinemeyer, W.; Kettner, H.: Ursachen der Kapitalbindung im Fertigungsbereich
Erschienen in Hax/Pentzlin: Instrumente der Unternehmensführung
München: Carl Hanser Verlag, 1973

9 ANHANG

9.1 Aufbau und Handhabung des interaktiven Simulationsmodells ISIMOS

Nachfolgend wird auf den Aufbau und die Handhabung des verwendeten Simulationsmodells ISIMOS insofern näher eingegangen, als dies für das simulierte Systemverhalten der Fertigungsinsel bezüglich der Auftragsdurchlaufzeiten von besonderer Bedeutung ist.

Am Beispiel zweier durchsimulierter Aufträge I und II, deren Auftragsdaten der Arbeitsvorbereitung der Kokillengießerei entnommen wurde, soll dieser Sachverhalt näher erläutert werden.

9.1.1 Auftragsdaten

Die Auftragsdaten für die zwei zur Simulation anstehenden Aufträge sind in Bild 47 dargestellt. Wie aus dieser Darstellung hervorgeht, handelt es sich hierbei um kernlosen Guß, der zwar zerspanend weiter bearbeitet werden muß, nicht jedoch auf Druckdichtigkeit (Abpressen) vorgeprüft wird.

	Auftrag I	**Auftrag II**
Auftragsstückzahl	**700 Stück**	**650 Stück**
Vorgabezeit: Kernschießen	-	-
Vorgabezeit: Gießen	2.4 min/Stck	2.4 min/Stck
Vorgabezeit: Abkühlen	3.0 min/Stck	3.0 min/Stck
Vorgabezeit: Sägen	0.2 min/Stck	0.5 min/Stck
Vorgabezeit: Schleifen	0.3 min/Stck	0.7 min/Stck
Vorgabezeit: Bohren	0.8 min/Stck	0.8 min/Stck
Vorgabezeit: Abpressen	-	-

Bild 47: Auftragsdaten der zur Simulation anstehenden Aufträge I und II

9.1.2 Struktureller Aufbau der Fertigungsinsel in ISIMOS-Darstellung

Bild 48 zeigt das "erweiterte" Funktional-Layout der Fertigungsinsel, welches für eine maximale Anzahl vorkommender Arbeitsfolgen zur Simulation der Aufträge im Betrachtungszeitraum ausgelegt wurde und somit auch die Arbeitsfolgen Kernschießen, Abpressen und weitere Zerspanoperationen berücksichtigt.

Da diese "zusätzlichen" Bearbeitungsstationen aber in diesem konkreten Fall für die anstehende Simulation der Aufträge I und II nicht benötigt werden (siehe Bild 47), wurden die Bearbeitungszeiten an diesen Stationen in den Simulationsläufen auf 0.0 Zeiteinheiten (ZE) festgesetzt. Eine ZE im Simulationslauf entspricht hierbei einer Minute in der Realität.

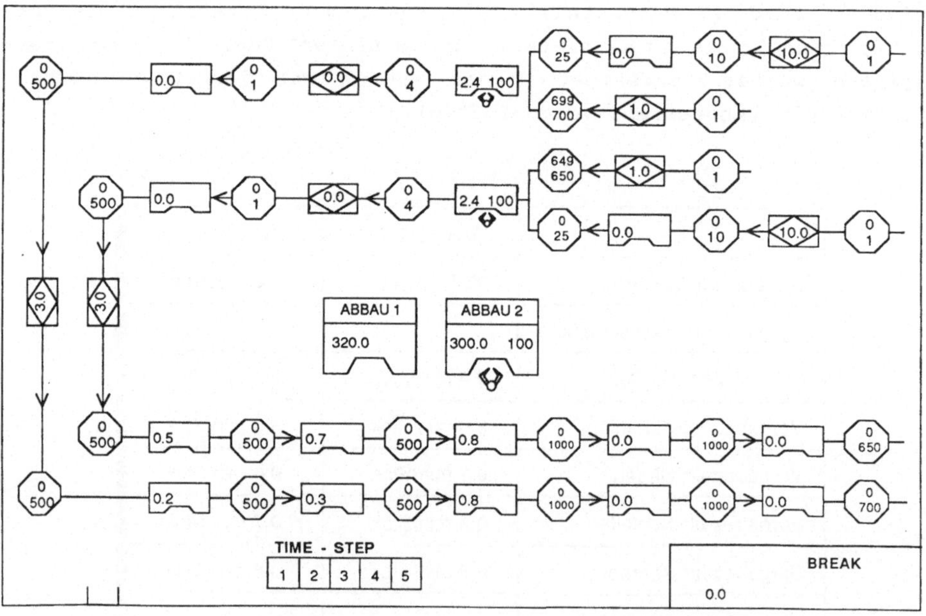

Bild 48: Funktional-Layout der Fertigungsinsel in ISIMOS-Darstellung zum Startzeitpunkt 0.0 ZE

Um den gießereispezifischen Bezug und den damit verbundenen strukturellen Aufbau der Fertigungsinsel im Simulationsmodell besser zu verdeutlichen, wurde das Funktional-Layout in 5 Sektoren unterteilt und die auftragsspezifischen Daten wurden vorerst aus der ISIMOS-Darstellung in Bild 48 zur besseren Beschreibung dieser Sektoren zugunsten einer fortlaufenden Numerierung ausgetauscht (Bild 49).

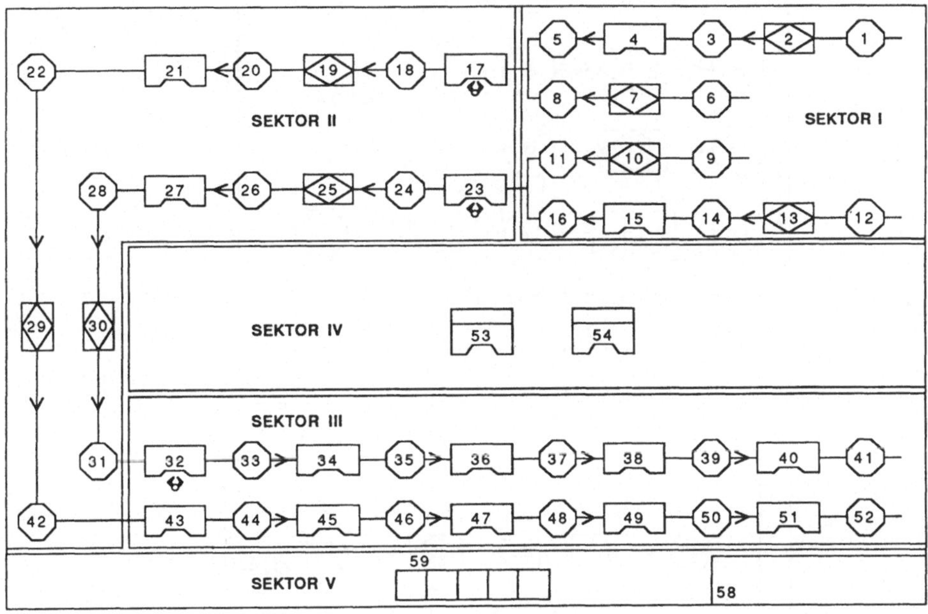

Bild 49: Sektorale Aufteilung des Funktional-Layouts

Nachfolgend wird in der Beschreibung der einzelnen Sektoren auf die gießereispezifische Bedeutung der verwendeten Symbole und deren Abhängigkeiten untereinander näher eingegangen.

Der Sektor I stellt den Kernschieß- und den Schmelzbereich (Bild 50) dar. Die Puffer "1" und "12" symbolisieren dabei die Kernsandsilos und die Automatenstationen "2" und "13" bilden den Füllvorgang zwischen Sandsilo und den Bunkern der Kernschießmaschinen ab, während die Arbeitsplätze "4" und "15" den eigentlichen Kernherstellungsprozeß symbolisieren.

Die Puffer "6" und "9" stellen das Blockmaterial dar, die Automatenstationen "7" und "10" bilden den Schmelzprozeß ab, wobei davon ausgegangen wurde, daß zu Beginn einer jeden Schicht die Schmelze für jeden Auftrag vergießbereit im Ofen vorhanden war und bei Bedarf - ohne Zeitverlust - kontinuierlich nachgeschmolzen werden konnte.

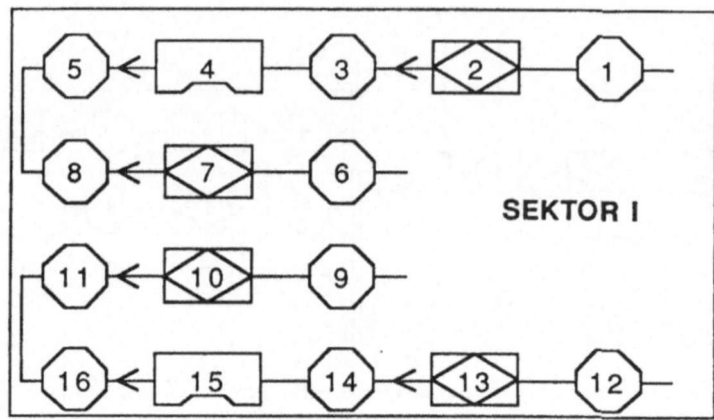

Bild 50: Kernschieß- und Schmelzbereich

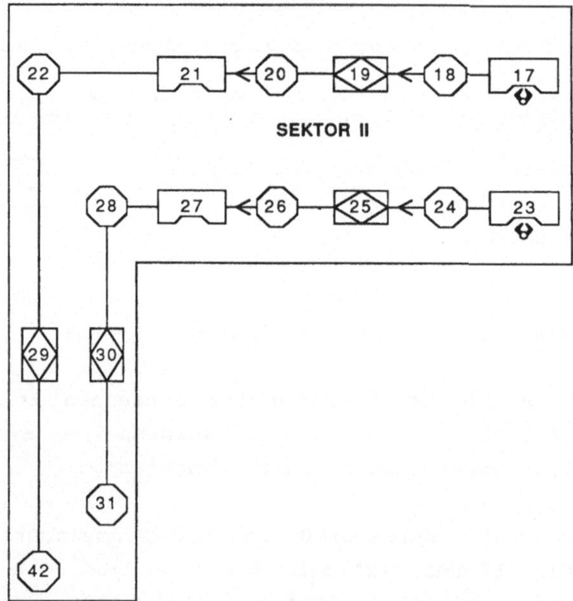

Bild 51: Gießbereich

Bild 51 zeigt den eigentlichen Gießbereich, der in Sektor II dargestellt ist.

Die Kokillengießmaschinen "17" und "23" werden bei kernhaltigem Guß mit Kernen und mit Schmelze aus den Puffern "11" und "16" bzw. "5" und "8" versorgt (siehe Bild 50).
Das Abkühlen der heißen Gußstücke geschieht ebenfalls "automatisch" (z.B. Wasserbad) und wird durch die Automatenstationen "29" und "30" symbolisiert. Alle installierten Arbeitsplätze wurden prinzipiell über Puffer entkoppelt, wobei die maximalen Pufferkapazitäten dem Fertigungsablauf entsprechend dimensioniert wurden.

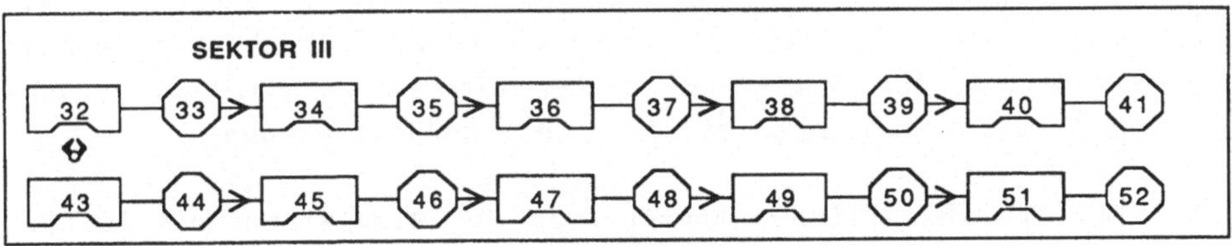

Bild 52: Weiterbearbeitungsbereich

Im Sektor III befinden sich diejenigen Arbeitsplätze, die den Weiterbearbeitungsbereich charakterisieren. Dies sind hier z.B. Bohren, Gewindeschneiden und Abpressen. Sie werden durch die Nummern "32", "34" und "36" für den Auftrag II und durch die Nummern "43", "45", "47" für den Auftrag I symbolisiert.

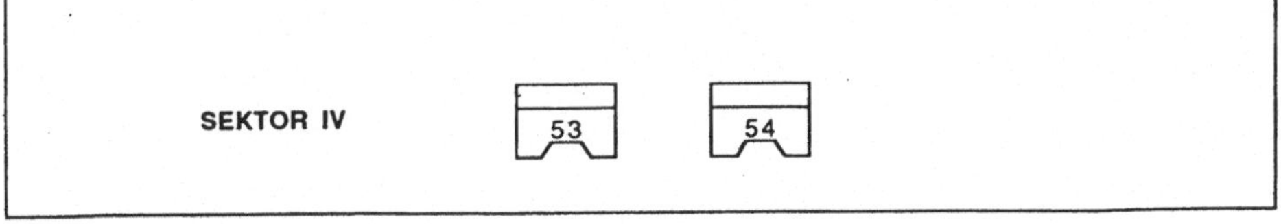

SEKTOR IV 53 54

Bild 53: Umfeldarbeitsplätze

Im Sektor IV werden die notwendigen produktionsunterstützenden Umfeldtätigkeiten, die von der Arbeitsgruppe ausgeführt werden, wie z.B. Rüstarbeiten vom Zeitbedarf her durch "fiktive" Umfeldarbeitsplätze "53" und "54" im Modell berücksichtigt.

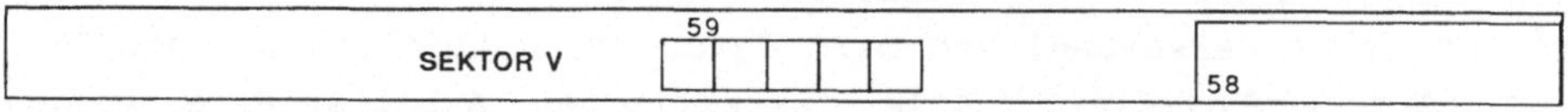

SEKTOR V 59 58

Bild 54: Anzeigefeld zur Steuerung des Simulationsprogramms

In diesem Sektor wird z.B. in Feld "58" die jeweils aktuelle Simulationszeit angezeigt. In "59" können unterschiedliche Zeitsprünge zur Verkürzung der Durchführung der Simulation (Zeitrafferfunktion) z.B. durch "Antippen mit der Maus" gewählt werden.

Nach dem die wesentlichen Komponenten des Simulationsmodells kurz erläutert wurden - eine ausführliche Darstellung des Simulationsmodells bezogen auf Montageprozesse findet sich in /128/ - soll kurz auf das Handhabungsprinzip und auf Zwischen- und Endergebnisse aus den Simulationsläufen eingegangen werden.

9.1.3 Handhabung des Simulationsmodells

Das Prinzip der Handhabung des interaktiven Simulationsmodells, läßt sich anhand Bild 55 verdeutlichen.

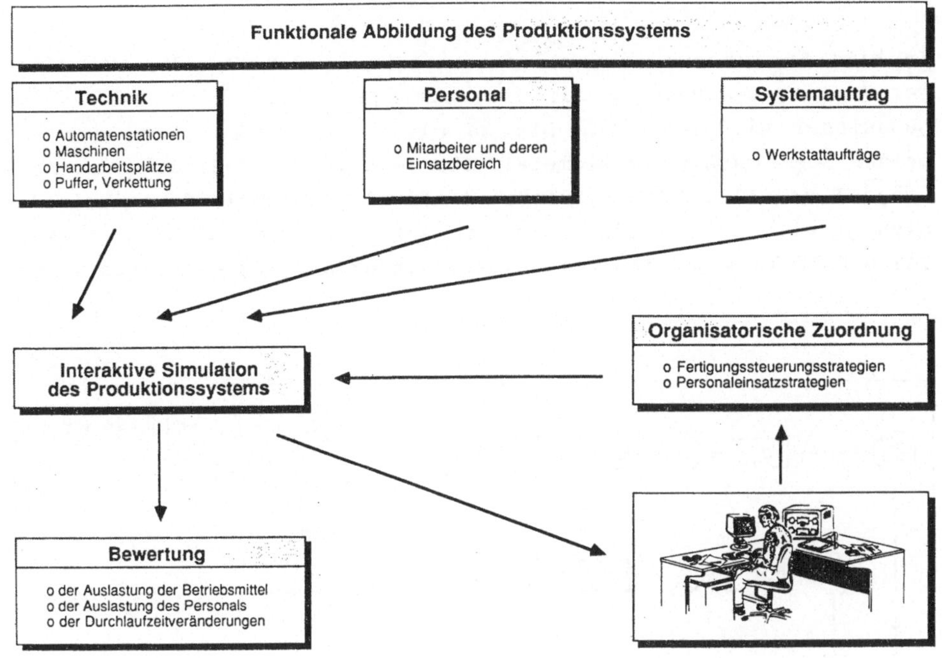

Bild 55: Prinzip der Handhabung des interaktiven Simulationsmodells /128/

In einem ersten Schritt werden vom Planer zur funktionalen Abbildung des Produktionssystems Technik-, Personal- und Auftragsdaten in das Simulationsprogramm eingegeben und damit wird ein Modell des realen Systems aufgebaut. In Interaktion mit dem Rechner können vom Planer während des Simulationslaufes, Strategien der Fertigungssteuerung und des Personaleinsatzes, z.B. aufgrund der rückgemeldeten Simulationsergebnisse geändert, in das Programm eingegeben und deren Auswirkungen über einen grafikfähigen Bildschirm beobachtet werden. Mit Hilfe der Simulationsergebnisse können Rückschlüsse auf das reale Systemverhalten im Hinblick auf Auslastung der Betriebsmittel, Auslastung des Personals und Durchlaufzeitveränderungen der Aufträge gezogen werden.

9.1.4 Ergebnisse aus den Simulationsläufen

In Bild 56 ist zum Simulationszeitpunkt "510,0 ZE" die Situation der Auftragsbearbeitung für die Aufträge I und II in der Fertigungsinsel wiedergegeben. Bis zu diesem Zeitpunkt waren aus den beiden Schmelzöfen Flüssigmetall für jeweils 213 Gußstücke der Aufträge I und II entnommen worden (Pufferfüllstände), davon befanden sich jeweils 42 Gußstücke vor der Abkühlstrecke, während jeweils 169 Gußstücke schon im abgekühlten Zustand zum Sägen bereitstanden.

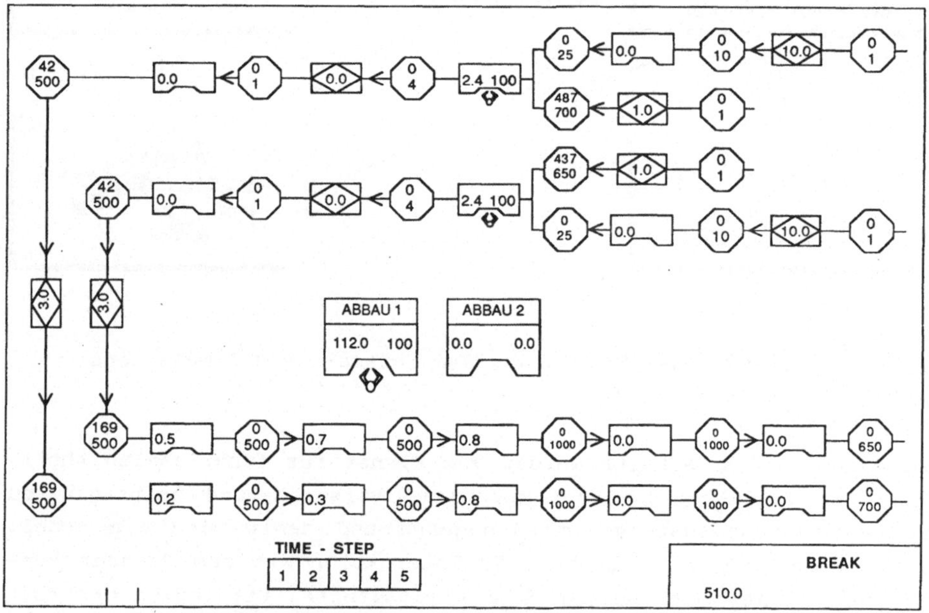

Bild 56: Auftragsfortschritt zum Simulationszeitpunkt 510.0 ZE

Um die Durchlaufzeiten, die mit Hilfe der Simulation ermittelt wurden und die realen Durchlaufzeiten vergleichbar zu machen, wurden nur solche Zeitanteile von Umfeldaufgaben in den Simulationsläufen berücksichtigt, die auch zumindest teilweise im Ist-Zustand vom Maschinenbediener wahrgenommen wurden. In diesem Fall war dies vor allem das Abrüsten der Kokillengießmaschinen, während das kompliziertere Aufrüsten einschließlich der Losfreigabe meistens vom externen Einrichter wahrgenommen wurde.

Daher wurde in diesem Simulationslauf von einem aufgerüsteten Zustand als Startzeitpunkt ausgegangen und nur das Abrüsten der Arbeitsgruppe zeitmäßig bei der Durchlaufzeitermittlung in Anrechnung gebracht. Aufgrund mehrfach vorhandener Kokillengießmaschinen und Hydraulikaggregaten konnten die Rüstarbeiten unabhängig voneinander durchgeführt werden.

Während der 510 ZE - dies entspricht in diesem Fall einer 8,5 Stunden Schicht - wurde vom Planer ein regelmäßiger Arbeitsplatzwechsel zwischen den beiden Kokillengießern und den Rüstarbeitsplätzen aus Gründen des Belastungswechsels vorgenommen.

Von den zwei abzurüstenden Kokillengießmaschinen war zu diesem Zeitpunkt die Kokillengießmaschine 2 komplett abgebaut und für Kokillengießmachine 1 wurden bis zu ihrem vollständigen Abbau noch 112 Zeiteinheiten benötigt.

Bild 57 zeigt den Auftragsfortschritt der beiden Aufträge I und II zum Simulationszeitpunkt: 1986.0 ZE. Alle Gußstücke waren zu diesem Zeitpunkt bereits abgegossen, d.h. die Pufferfüllstände der beiden Öfen sind wie aus Bild 57 zu entnehmen ist "0". Alle drei Mitarbeiter befinden sich im Weiterbearbeitungsbereich zur Fertigstellung des Auftrags I, weil Auftrag II zu diesem Zeitpunkt bereits komplett bearbeitet ist. Dies erkennt man an dem Pufferfüllstand des Fertigteilpuffers von Auftrag II. Dieser Pufferfüllstand beträgt gemäß Bild 57 "650", was auch gleichzeitig der zu fertigenden Auftragsstückzahl entspricht.

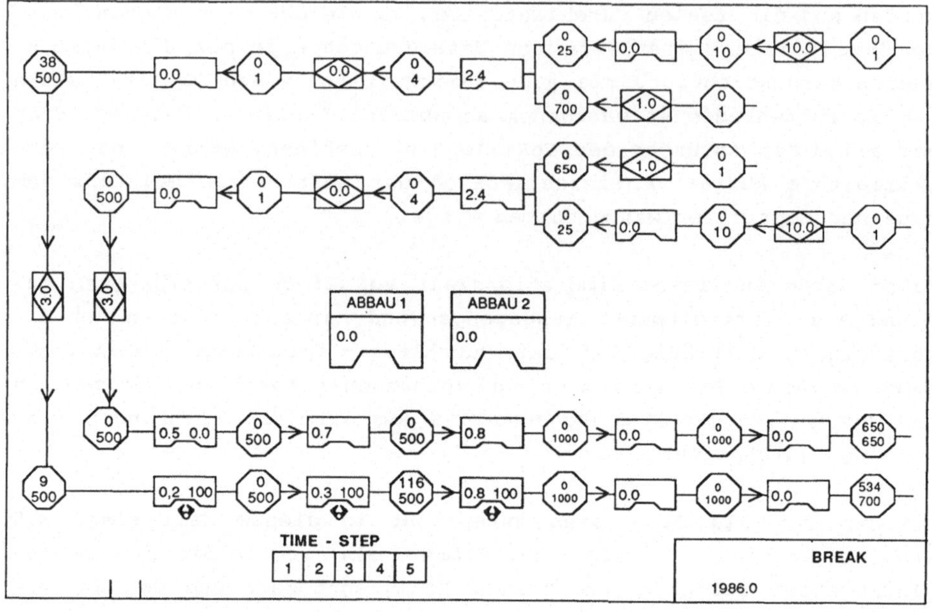

Bild 57: Auftragsfortschritt zum Simulationszeitpunkt 1986.0 ZE

Nach 2119.0 ZE war auch Auftrag I beendet, wobei in diesen Simulationsläufen - wie bei allen anderen Simulationsläufen - Produktionsstörungen unberücksichtigt blieben.

Laufende Nummer der Aufträge	Durchlaufzeit (min)		Kapitalbindung (DM x min)	
	$DLZ_{Werkstattfertigung}$	$DLZ_{Fertigungsinsel}$	$KB_{Werkstattfertigung}$	$KB_{Fertigungsinsel}$
1	21420	10200	136.59 x 10^7	65.04 x 10^7
2	6120	1764	9.87 x 10^7	2.84 x 10^7
3	7140	2154	9.41 x 10^7	2.84 x 10^7
4	10200	3198	38.35 x 10^7	12.02 x 10^7
5		1914	55.43 x 10^7	8.00 x 10^7
6			2.99 x 10^7	0.79 x 10^7
	4080	1080		
44	18360	11778		
45	33660	7776		
46	27540	4176	15.33 x 10^7	2.32 x 10^7
47	8160	1986	8.12 x 10^7	1.97 x 10^7
48	1734	2119	25.28 x 10^7	3.09 x 10^7
49	20400	7116	49.37 x 10^7	17.22 x 10^7
50	3060	966	1.16 x 10^7	0.36 x 10^7
	Σ 855780	Σ 167700	Σ 1550 x 10^7	Σ 464 x 10^7

Bild 58: Gegenüberstellung von Durchlaufzeiten und Kapitalbindungen bei Werkstattertigung und Fertigungsinsel

Bild 58 zeigt ausschnittsweise eine Gegenüberstellung von real ermittelten Durchlaufzeiten und den dazugehörigen Kapitalbindungen im Ist-Zustand (Werkstattfertigung) im Vergleich zu den mit Hilfe der Simulation ermittelten Durchlaufzeiten und den hierauf basierenden Kapitalbindungen der Fertigungsinsel. Da die simulierten Durchlaufzeiten auf Minutenbasis (ZE) ermittelt wurden, sind hier zum besseren Vergleich die Durchlaufzeiten der Werkstattfertigung ebenfalls in Minuten angegeben. Die Errechnung der Kapitalbindungen erfolgte hierbei vereinfachend auf der Basis der Herstellkosten, wobei der Wertauflaufkurve eines Kokillengußstückes entsprechend jeweils die Herstellkosten für einen Auftrag in voller Höhe über die gesamte Auftragsdurchlaufzeit in Anrechnung gebracht wurde. Die Verkürzung der Durchlaufzeiten führen für diesen Anwendungsfall zu einer 70%igen Reduzierung der Kapitalbindung.

IPA Forschung und Praxis

Schriftenreihe aus dem Institut für Produktionstechnik und Automatisierung, Stuttgart

Herausgeber: Prof. Dr.-Ing. H. J. Warnecke

Datenerfassung im Produktionsbereich
Von E. Bendeich. ISBN 3-7830-0117-8.
1977, 176 Seiten, kartoniert. 54,— DM

Methodenauswahl für die Materialbewirtschaftung in Maschinenbau-Betrieben
Von H. Graf. ISBN 3-7830-0136-6.
1977, 144 Seiten, kartoniert. 54,— DM

Systematische Auswahl von Förderhilfsmitteln für den innerbetrieblichen Materialfluß
Von W. Rau. ISBN 3-7830-0139-0.
1977, 103 Seiten, kartoniert. 40,— DM

Grundlagen zur Planung von Ersatzteilfertigungen
Von E. Schulz. ISBN 3-7830-0138-2.
1977, 98 Seiten, kartoniert. 40,— DM

Rechnerunterstützte Fabrikplanung
Von B. Minten. ISBN 3-7830-0116-1.
1977, 124 Seiten, kartoniert. 38,— DM

Eine Planungsmethode für automatische Montagesysteme
Von H.-G. Löhr. ISBN 3-7830-0120-X.
1977, 108 Seiten, kartoniert. 32,— DM

Planung und Bewertung von Arbeitssystemen in der Montage
Von H. Metzger. ISBN 3-7830-0131-5.
1977, 108 Seiten, kartoniert. 40,— DM

Klassifizierungssystem für Prüfmittel der industriellen Längenprüftechnik
Von R. Czetto. ISBN 3-7830-0144-7.
1978, 181 Seiten, kartoniert. 64,— DM

Rechnerunterstützte Montageplanung
Von O. Hirschbach. ISBN 3-7830-0149-8.
1978, 146 Seiten, kartoniert. 52,— DM

Rechnerunterstützte Entwicklung von Simulationsmodellen für Unternehmensplanspiele
Von A. Moker. ISBN 3-7830-0147-1.
1978, 181 Seiten, kartoniert. 64,— DM

Arbeitsplatzanalysen zur Ermittlung der Einsatzmöglichkeiten und Anforderungen an Industrieroboter
Von G. Herrmann. ISBN 37830-0151-X.
1978, 113 Seiten, kartoniert. 40,— DM

MFSP — Ein Verfahren zur Simulation komplexer Materialflußsysteme
Von G. Stemmer. ISBN 3-7830-0118-8.
1977, 140 Seiten, kartoniert. 60,— DM

Berührungslose Erkennung durch Positionsbestimmung von Objekten durch inkohärent-optische Korrelation
Von M. König. ISBN 3-7830-0137-4.
1977, 110 Seiten, kartoniert. 40,— DM

Auslegung von Störungspuffern in kapitalintensiven Fertigungslinien
Von R. v. Stetten. ISBN 3-7830-0140-4.
1977, 154 Seiten, kartoniert. 56,— DM

Flexible Transportablaufsteuerung
Von G. Römer. ISBN 3-7830-0114-5.
1977, 188 Seiten, kartoniert. 60,— DM

Rechnergestützte Realplanung von Fabrikanlagen
Von T.-K. Sauter. ISBN 3-7830-0119-6.
1977, 108 Seiten, kartoniert. 32,— DM

Systematisches Auswählen und Konzipieren von programmierbaren Handhabungsgeräten
Von R. D. Schraft. ISBN 3-7830-0115-3.
1977, 108 Seiten, kartoniert. 32,— DM

Auslandsproduktion
Von W. Cypris. ISBN 3-7830-0145-5.
1978, 126 Seiten, kartoniert. 42,— DM

Wirtschaftlicher Einsatz von Mehrkoordinatenmeßgeräten
Von M. Dietzsch. ISBN 3-7830-0148-X.
1978, 142 Seiten, kartoniert. 52,— DM

Fertigungssteuerung bei flexiblen Arbeitsstrukturen
Von K.-G. Lederer. ISBN 3-7830-0146-3.
1978, 128 Seiten, kartoniert. 42,— DM

Untersuchungen zum Polieren und Entgraten durch elektrochemisches Oberflächenabtragen
Von K. Zerweck. ISBN 3-7830-0150-1.
1978, 110 Seiten, kartoniert. 40,— DM

Stufenweise Ableitung eines praktischen Planungssystems für den Entwicklungsbereich
Von R. Hichert. ISBN 3-7830-0149-8.
1978, 151 Seiten, kartoniert. 52,— DM

Produktionsplanung mit Auftragsfamilien
Von U. W. Geitner. ISBN 3-7830-0161.7.
1979, 110 Seiten, kartoniert. 45,— DM

Thermisch-chemisches Entgraten
Von T. Wagner. ISBN 3-7830-0164-1.
1979, 111 Seiten, kartoniert. 45,— DM

Untersuchung der Materialflußkosten bei ausgewählten Systemen der Zentralen Arbeitsverteilung
Von R. Wenzel. ISBN 3-7830-0162-5.
1979, 168 Seiten, kartoniert. 86,— DM

Anpassung und Einführung eines Planungssystems für die Ablaufplanung im Konstruktionsbereich
Von W. Dangelmaier. ISBN 3-7830-0163-3.
1979, 168 Seiten, kartoniert. 80,— DM

Längenmessungen an bewegten Teilen mit berührungslos wirkenden Aufnehmern
Von H. Lang. ISBN 3-7830-0157-9.
1979, 89 Seiten, kartoniert. 42,— DM

Untersuchung multistabiler Strömungselemente und ihr Einsatz in sequentiellen Steuerungen
Von A. Ernst. ISBN 3-7830-0157-9.
1979, 122 Seiten, kartoniert. 48,— DM

Taktile Sensoren für programmierbare Handhabungsgeräte
Von M. Schweizer. ISBN 3-7830-0158-7.
1979, 91 Seiten, kartoniert. 42,— DM

Die rechnerunterstützte Prüfplanung
Von P. Bläsing. ISBN 3-7830-0152-8.
1979, 100 Seiten, kartoniert. 44,— DM

Verfahren zur Fabrikplanung im Mensch-Rechner-Dialog am Bildschirm
Von W. Ernst. ISBN 3-7830-0156-0.
1979, 218 Seiten, kartoniert. 72,— DM

Rechnerunterstütztes Verfahren zur Leistungsabstimmung von Mehrmodell-Montagesystemen
Von M. Görke. ISBN 3-7830-0155-2.
1979, 139 Seiten, kartoniert. 50,— DM

Standortbezogene Betriebsmittel
Von G. Pflieger. ISBN 3-7830-0167-6.
1979, 127 Seiten, kartoniert. 52,— DM

Die betriebswirtschaftliche Beurteilung neuer Arbeitsformen
Von B.-H. Zippe. ISBN 3-7830-0168-4.
1979, 350 Seiten, kartoniert. 98,— DM

Untersuchung des Arbeitsverhaltens programmierbarer Handhabungsgeräte
Von B. Brodbeck. ISBN 3-7830-0169-2.
1979, 117 Seiten, kartoniert. 48,— DM

Untersuchung eines kohärent-optischen Verfahrens zur Rauheitsmessung
Von N. Rau. ISBN 3-7830-0174-9.
1979, 117 Seiten, kartoniert. 48,— DM

Entwicklung einer programmierbaren, pneumatischen Steuerung
Von D. Klemenz. ISBN 3-7830-0171-4.
1979, 93 Seiten, kartoniert. 42,— DM

IPA Forschung und Praxis

Berichte aus dem Fraunhofer-Institut für Produktionstechnik und Automatisierung, Stuttgart, und dem Institut für Industrielle Fertigung und Fabrikbetrieb der Universität Stuttgart

Herausgeber: Prof. Dr.-Ing. H. J. Warnecke

---

38 **Arbeitsgangterminierung mit variabel strukturierten Arbeitsplänen — Ein Beitrag zur Fertigungssteuerung flexibler Fertigungssysteme**
Von U. Maier. ISBN 3-540-10213-2.
1980, 111 Seiten mit 45 Abbildungen. 43,— DM

39 **Kapazitätsabgleich bei flexiblen Fertigungssystemen**
Von P. S. Nieß. ISBN 3-540-10372-4.
1980, 151 Seiten mit 57 Abbildungen. 48,— DM

40 **Schichtdickenverteilung auf galvanisierten Paßteilen am Beispiel kleiner abgesetzter Wellen und Bohrungen**
Von D. Wolfhard. ISBN 3-540-10373-2.
1980, 177 Seiten mit 83 Abbildungen. 48,— DM

41 **Planung von Mehrstellenarbeit unter Berücksichtigung von Umfeldaufgaben**
Von S. Häußermann. ISBN 3-540-10374-0.
1980, 136 Seiten mit 59 Abbildungen. 48,— DM

42 **Untersuchungen zur Schmierfilmdicke in Druckluftzylindern — Beurteilung der Abstreifwirkung und des Reibungsverhaltens von Pneumatikdichtungen mit Hilfe eines neu entwickelten Schmierfilmdicken-meßverfahrens**
Von R. Köhnlechner. ISBN 3-540-10375-9.
1980, 100 Seiten mit 38 Abbildungen und 4 Tabellen. 43,— DM

43 **Typologie zum überbetrieblichen Vergleich von Fertigungssteuerungsverfahren im Maschinenbau**
Von G. Rabus. ISBN 3-540-10376-7.
1980, 174 Seiten mit 88 Abbildungen und 21 Tafeln. 48,— DM

44 **System zur Planung des Umlaufbestandes in Betrieben mit Serienfertigung**
Von K.-G. Wilhelm. ISBN 3-540-10377-5.
1980, 142 Seiten mit 67 Abbildungen und 15 Tafeln. 48,— DM

45 **Rechnerunterstützte Arbeitsplanerstellung mit Kleinrechnern, dargestellt am Beispiel der Blechbearbeitung**
Von W. Hoheisel. ISBN 3-540-10505-0.
1981, 169 Seiten mit 74 Abbildungen. 48,— DM

46 **Beitrag zur Verbesserung der Wirtschaftlichkeit EDV-unterstützter Fertigungssteuerungssysteme durch Schwachstellenanalyse**
Von J. Lienert. ISBN 3-540-10506-9.
1981, 148 Seiten mit 37 Abbildungen. 48,— DM

47 **Die Abscheidung von Öl an Entlüftungsöffnungen drucklufttechnischer Anlagen**
Von W.-D. Kiessling. ISBN 3-540-10604-9.
1981, 117 Seiten mit 48 Abbildungen und 3 Tabellen. 43,— DM

48 **Dynamische Optimierung technisch-ökonomischer Systeme**
Von J. Warschat. ISBN 3-540-10717-7.
1981, 132 Seiten mit 60 Abbildungen. 43,— DM

49 **Bildsensor zur Mustererkennung und Positionsmessung bei programmierbaren Handhabungsgeräten**
Von H. Geißelmann. ISBN 3-540-10735-5.
1981, 125 Seiten mit 52 Abbildungen. 43,— DM

50 **Verfügbarkeitsberechnung für komplexe Fertigungseinrichtungen**
Von Ekkehard Gericke. ISBN 3-540-10779-7.
1981, 132 Seiten mit 71 Abbildungen. 43,— DM

51 **Materialflußgestaltung in Fertigungssystemen**
Von Willi Rößner. ISBN 3-540-10888-2.
1981, 149 Seiten mit 76 Abbildungen. 48,— DM

52 **Beitrag zur Analyse der Auswirkungen der Mikroelektronik, dargestellt am Beispiel der Büromaschinen-Industrie**
Von Werner Neubauer. ISBN 3-540-10991-9.
1981, 145 Seiten mit 27 Abbildungen und 47 Tabellen. 43,— DM

53 **Modelle von Informationssystemen zur kurzfristigen Fertigungssteuerung und ihre Gestaltung nach betriebsspezifischen Gesichtspunkten**
Von Roland Gentner. ISBN 3-540-10992-7.
1981, 181 Seiten mit 69 Abbildungen und 7 Tabellen. 48,— DM

54 **Entwicklung von Verfahren zur Terminplanung und -steuerung bei flexiblen Montagesystemen**
Von Jürgen H. Kölle. ISBN 3-540-11227-8.
1981, 132 Seiten mit 64 Abbildungen und 1 Faltplan. 43,— DM

55 **Arbeits- und Kapazitätsteilung in der Montage**
Von Stefan Dittmayer. ISBN 3-540-11228-6.
1981, 124 Seiten und 56 Abbildungen. 43,— DM

56 **Beitrag zur systematischen Planung der Qualitätsprüfung bei Klein- und Mittelserienfertigung**
Von Herbert Babic. ISBN 3-540-11325-8
1982, 108 Seiten mit 38 Abbildungen und 7 Tabellen. 53,— DM

57 **Methode zur rechnerunterstützten Einsatzplanung von programmierbaren Handhabungsgeräten**
Von Uwe Schmidt-Streier. ISBN 3-540-11355-X.
1982, 188 Seiten mit 72 Abbildungen. 53.– DM

58 **Werkstoff- und Energiekennwerte industrieller Lackieranlagen, am Beispiel der Automobilindustrie**
Von Rainer Manfred Thiel. ISBN 3-540-11356-8.
1982, 116 Seiten mit 59 Abbildungen. 53.– DM

59 **Maßnahmen zum Verbessern der pneumatischen Lackzerstäubung – Teilchengrößenbestimmung im Spritzstrahl –**
Von Klaus Werner Thomer. ISBN 3-540-11507-2.
1982, 162 Seiten mit 94 Abbildungen und 1 Tabelle. 53.– DM

60 **Ermittlung und Bewertung von Rationalisierungsmaßnahmen im Produktionsbereich**
Von Jürgen Schilde. ISBN 3-540-11730-X.
1982, 158 Seiten mit 57 Abbildungen. 53.– DM

61 **Untersuchung von Verfahren der Reihenfolgeplanung und ihre Anwendung bei Fertigungszellen**
Von Mohamed Osman. ISBN 3-540-11747-4.
1982, 124 Seiten mit 32 Abbildungen und 3 Tabellen. 53.– DM

62 **Ein Simulationsmodell zur Planung gruppentechnologischer Fertigungszellen**
Von Volker Saak. ISBN 3-540-11747-4.
1982, 134 Seiten mit 53 Abbildungen. 53.– DM

63 **Verfahren zur technischen Investitionsplanung automatisierter Fertigungsanlagen**
Von Günter Vettin. ISBN 3-540-11747-4.
1982, 134 Seiten mit 63 Abbildungen. 53.– DM

64 **Pneumatische Sensoren zur prozeßsimultanen Messung des Werkzeugverschleißes und zur Kollisionsvermeidung beim Messerkopffräsen**
Von Wolfgang Jentner. ISBN 3-540-11747-4.
1982, 126 Seiten mit 47 Abbildungen und 6 Tabellen. 53.– DM

65 **Rechnerunterstützte Gestaltung ortsgebundener Montagearbeitsplätze, dargestellt am Beispiel kleinvolumiger Produkte**
Von Eberhard Haller. ISBN 3-540-12015-7.
1982, 130 Seiten mit 43 Abbildungen. 53.– DM

66 **Fernsehüberwachung von Schutzgasschweißvorgängen mit abschmelzender Elektrode MIG – MAG**
Von Ruprecht Niepold. ISBN 3-540-12181-7.
1983, 178 Seiten mit 73 Abbildungen und 5 Tabellen. 58.– DM

67 **Entwicklung flexibler Ordnungssysteme für die Automatisierung der Werkstückhandhabung in der Klein- und Mittelserienfertigung**
Von Karl Weiss. ISBN 3-540-12455-1.
1983, 116 Seiten mit 68 Abbildungen. 58.– DM

68 **Automatisierte Überwachungsverfahren für Fertigungseinrichtungen mit speicherprogrammierten Steuerungen**
Von Werner Eißler. ISBN 3-540-12456-X.
1983, 128 Seiten mit 66 Abbildungen. 58.– DM

69 **Prozeßüberwachung beim Galvanoformen**
Von Jürgen Wilhelm Böcker. ISBN 3-540-12457-8.
1983, 118 Seiten mit 32 Abbildungen. 58.– DM

70 **LAPEX – Ein rechnerunterstütztes Verfahren zur Betriebsmittelzuordnung**
Von Stephan Mayer. ISBN 3-540-12490-X.
1983, 162 Seiten mit 34 Abbildungen und 2 Tabellen. 58.– DM

71 **Gestaltung eines integrierten Produktionssystems für die Sortenfertigung unter Einsatz der Clusteranalyse**
Von Gerald Weber. ISBN 3-540-12650-3.
1983, 194 Seiten mit 54 Abbildungen. 58.– DM

72 **Gußputzen mit sensorgeführten, programmierbaren Handhabungsgeräten**
Von Eberhard Abele. ISBN 3-540-12651-1.
1983, 133 Seiten mit 66 Abbildungen. 58,– DM

73 **Untersuchungen zur Herstellung und zum Einsatz galvanogeformter Erodierelektroden**
Von Harald Müller. ISBN 3-540-12822-0.
1983, 148 Seiten mit 78 Abbildungen. 58,– DM

74 **Ein Beitrag zur Optimierung der Prozeßführungsstrategien automatisierter Förder- und Materialflußsysteme**
Von Hans Steffens. ISBN 3-540-12968-5.
1983. 161 Seiten mit 60 Abbildungen. 58,– DM

75 **Entwicklung eines Verfahrens zur wertmäßigen Bestimmung der Produktivität und Wirtschaftlichkeit von Personalentwicklungsmaßnahmen in Arbeitsstrukturen**
Von Christian Müller. ISBN 3-540-13041-1.
1983. 129 Seiten mit 34 Abbildungen. 58,– DM

76 **Berechnung der Gestaltänderung von Profilen infolge Strahlverschleiß**
Von Wolfgang Marx. ISBN 3-540-13054-3.
1983. 121 Seiten mit 58 Abbildungen. 58,– DM

77 **Algorithmen zur flexiblen Gestaltung der kurzfristigen Fertigungssteuerung**
Von Rudolf E. Scheiber. ISBN 3-540-13500-6.
1984, 150 Seiten mit 73 Abbildungen und 1 Tabelle. 63.– DM

78 **Galvanisieren mit moduliertem Strom**
Von Jürgen Wolfgang Mann. ISBN 3-540-13733-5.
1984, 145 Seiten und 58 Abbildungen. 63,– DM

79 **Fluoreszenzmeßverfahren zur Schmierfilmdickenmessung in Wälzlagern**
Von Wolfgang Schmutz. ISBN 3-540-13777-7.
1984, 141 Seiten und 66 Abbildungen. 63,– DM

IPA-IAO Forschung und Praxis

Berichte aus dem Fraunhofer-Institut für Produktionstechnik und Automatisierung (IPA), Stuttgart, Fraunhofer-Institut für Arbeitswirtschaft und Organisation (IAO), Stuttgart, und Institut für Industrielle Fertigung und Fabrikbetrieb der Universität Stuttgart

Herausgeber: Prof. Dr.-Ing. H. J. Warnecke und Prof. Dr.-Ing. H.-J. Bullinger

---

80 **Flexibilität und Kapazität von Werkstückspeichersystemen**
Von Bernhard Graf. ISBN 3-540-13970-2.
1984, 115 Seiten mit 71 Abbildungen. 63,– DM

T1 **Flexible Fertigungssysteme**
17. IPA-Arbeitstagung zusammen mit der 3. Internationalen Konferenz „Flexible Manufacturing Systems (FMS-3)", ISBN 3-540-13807-2.
1984, 249 Seiten mit zahlreichen Abbildungen. 118,– DM

T2 **Integrierte Bürosysteme**
3. IAO-Arbeitstagung. ISBN 3-540-13978-8.
1984, 633 Seiten mit zahlreichen Abbildungen. 168,– DM

81 **Rechnerunterstützte Planung von Montageablaufstrukturen für Erzeugnisse der Serienfertigung**
Von Ernst-Dieter Ammer. ISBN 3-540-15056-0.
1985, 120 Seiten mit 1 Faltblatt und 33 Abbildungen. 63,– DM

82 **Flexibilität von personalintensiven Montagesystemen bei Serienfertigung**
Von Heinrich Vähning. ISBN 3-540-15093-5.
1985, 152 Seiten mit 49 Abbildungen. 63,– DM

83 **Ordnen von Werkstücken mit programmierbaren Handhabungsgeräten und Werkstückerkennungssensoren**
Von Ingo Schmidt. ISBN 3-540-15375-6.
1985, 111 Seiten mit 66 Abbildungen. 63,– DM

84 **Systematische Investitionsplanung**
Von Jorge Moser. ISBN 3-540-15370-5.
1985, 190 Seiten mit 69 Abbildungen. 63.– DM

T3 **Montage · Handhabung · Industrieroboter**
Internationaler MHI-Kongreß im Rahmen der Hannover-Messe '85. ISBN 3-540-15500-7.
1985, 267 Seiten mit zahlreichen Abbildungen. 128,– DM

85 **Flexible Montagesysteme – Konzeption und Feinplanung durch Kombination von Elementen**
Von Peter Konold / Bernd Weller. ISBN 3-540-15606-2.
1985, 162 Seiten mit 71 Abbildungen und 9 Tabellen. 63,– DM

T4 **Menschen · Arbeit · Neue Technologien**
4. IAO-Arbeitstagung zusammen mit der 2. Internationalen Konferenz „Human Factors in Manufacturing". ISBN 3-540-15763-8.
1985, 442 Seiten mit zahlreichen Abbildungen. 168,– DM

86 **Leitstandunterstützte kurzfristige Fertigungssteuerung bei Einzel- und Kleinserienfertigung**
Von Lothar Aldinger. ISBN 3-540-15903-7.
1985, 151 Seiten mit 49 Abbildungen und 2 Tabellen. 63,– DM

87 **Bestimmen des Bürstenverhaltens anhand einer Einzelborste**
Von Klaus Przyklenk. ISBN 3-540-15956-8.
1985, 117 Seiten mit 74 Abbildungen. 63,– DM

88 **Montage großvolumiger Produkte mit Industrierobotern**
Von Jörg Walther. ISBN 3-540-16027-2.
1985, 125 Seiten mit 58 Abbildungen. 63,– DM

89 **Algorithmen und Verfahren zur Erstellung innerbetrieblicher Anordnungspläne**
Von Wilhelm Dangelmaier. ISBN 3-540-16144-9.
1986, 268 Seiten mit 79 Abbildungen. 68,– DM

90 **Bewertung der Instandhaltung von Fertigungssystemen in der technischen Investitionsplanung**
Von Hagen U. Uetz. ISBN 3-540-16166-X.
1986, 129 Seiten mit 38 Abbildungen. 68,– DM

91 **Entgraten durch Hochdruckwasserstrahlen**
Von Manfred Schlatter. ISBN 3-540-16172-4.
1986, 167 Seiten mit 89 Abbildungen und 18 Tabellen. 68,– DM

92 **Werkstückorientierte Verfahrensauswahl zum Gußputzen mit Industrierobotern**
Von Wolfgang Sturz. ISBN 3-540-16224-0.
1986, 156 Seiten mit 59 Abbildungen. 68,– DM

93 **Verfahren zur Verringerung von Modell-Mix-Verlusten in Fließmontagen**
Von Reinhard Koether. ISBN 3-540-16499-5.
1986, 175 Seiten mit 46 Abbildungen und 1 Tabelle. 68,– DM

94 **Entwicklung und Einsatz eines interaktiven Verfahrens zur Leistungsabstimmung von Montagesystemen**
Von Günter Schad. ISBN 3-540-16978-4.
1986, 120 Seiten mit 31 Abbildungen und 1 Tabelle. 68,– DM

95 **Qualifizierung an Industrierobotern**
Von Wolfgang Bachl. ISBN 3-540-17018-9.
1986, 218 Seiten mit 30 Abbildungen. 68,– DM

96 **Rechnersimulation des Beschichtungsprozesses beim Elektrotauchlackieren – Anwendung zum Berechnen des Umgriffs**
Von Otto Baumgärtner. ISBN 3-540-17102-9.
1986, 113 Seiten mit 42 Abbildungen. 68,– DM

97 **Ergonomische Gestaltung von Rotationsstellteilen für grob- und sensomotorische Tätigkeiten**
Von Werner F. Muntzinger. ISBN 3-540-17247-5.
1986, 135 Seiten mit 51 Abbildungen und 33 Tabellen. 68,– DM

98 **Die optische Rauheitsmessung in der Qualitätstechnik**
Von R.-J. Ahlers. ISBN 3-540-17242-4.
1986, 133 Seiten mit 56 Abbildungen und 2 Tabellen. 68,– DM

99 **Maschinelle Spracherkennung zur Verbesserung der Mensch-Maschine-Schnittstelle**
Von Gerhard Rigoll. ISBN 3-540-17350-1.
1986, 134 Seiten mit 55 Abbildungen. 68,– DM

100 **Konzeption und Auswahl modularer Magazinpaletten**
Von Thomas Zipse. ISBN 3-540-17584-9.
1987, 126 Seiten mit 54 Abbildungen. 68,– DM

101 **Anschlüsse an Kupferrohre – Herstellung und Automatisierungsmöglichkeit**
Von Eberhard Rauschnabel. ISBN 3-540-17807-4.
1987, 120 Seiten mit 88 Abbildungen. 68,– DM

102 **Mengen- und ablauforientierte Kapazitätsplanung von Montagesystemen**
Von Hans Sauer. ISBN 3-540-17815-5.
1987, 156 Seiten mit 64 Abbildungen. 68,– DM

103 **Verfahrensinstrumentarium zur Werkstückauswahl und Auslegung von Industrieroboterschweißsystemen**
Von Herbert Gzik. ISBN 3-540-17928-3.
1987, 138 Seiten mit 56 Abbildungen. 68,– DM

104 **Integration von Förder- und Handhabungseinrichtungen**
Von Joachim Schuler. ISBN 3-540-17955-0.
1987, 153 Seiten mit 61 Abbildungen. 68,– DM

105 **Produktionsmengen- und -terminplanung bei mehrstufiger Linienfertigung**
Von H. Kühnle. ISBN 3-540-18038-9.
1987, 124 Seiten mit 25 Abbildungen. 68,– DM

106 **Untersuchung des Plasmaschneidens zum Gußputzen mit Industrierobotern**
Von Jong-Oh Park. ISBN 3-540-18037-0.
1987, 142 Seiten mit 70 Abbildungen. 68,– DM

107 **Fügen von biegeschlaffen Steckkontakten mit Industrierobotern**
Von Daegab Gweon. ISBN 3-540-18134-2.
1987, 115 Seiten mit 13 Abbildungen. 68,– DM

108 **Entwicklung eines biomechanischen Modells des Hand-Arm-Systems**
Von Georgios Tsotsis. ISBN 3-540-18135-0.
1987, 163 Seiten mit 45 Abbildungen. 68,– DM

109 **Ein Beitrag zur Planungssystematik für die automatisierte flexible Blechteilefertigung**
Von Thomas Weber. ISBN 3-540-18136-9.
1987, 149 Seiten mit 56 Abbildungen. 68,– DM

110 **Entwicklung eines Meßverfahrens zur Bestimmung des Positionier- und Orientierungsverhaltens von Industrierobotern**
Von Günter Schiele. ISBN 3-540-18137-7.
1987, 116 Seiten mit 48 Abbildungen. 68,– DM

111 **Schwingungsbelastung beim Arbeiten mit handgeführten, einachsigen Motormähgeräten**
Von Peter Kern. ISBN 3-540-18193-8.
1987, 145 Seiten mit 43 Abbildungen und 5 Tabellen. 68,– DM

112 **Entwicklung eines berührungslosen Tastsystems für den Einsatz an Koordinatenmeßgeräten**
Von Hie-Sik Kim. ISBN 3-540-18578-X.
1987, 111 Seiten mit 62 Abbildungen und 4 Tabellen. 68,– DM

113 **Qualifizierung an Industrierobotern – Ziele, Inhalte und Methoden**
Von Volker Korndörfer. ISBN 3-540-18618-2.
1987, 318 Seiten mit 100 Abbildungen. 68,– DM

114 **Funktional und räumlich variables und modulares Laborgerätesystem**
Von Alfred Mack. ISBN 3-540-18786-3.
1988, 116 Seiten mit 39 Abbildungen. 73,– DM

115 **Produktrecycling im Maschinenbau**
Von Rolf Steinhilper. ISBN 3-540-18849-5.
1988, 167 Seiten mit 50 Abbildungen. 73,– DM

116 **Integration der montagegerechten Produktgestaltung in den Konstruktionsprozeß**
Von Rudolf Bäßler. ISBN 3-540-19058-9.
1988, 133 Seiten mit 49 Abbildungen. 73,– DM

117 **Ein Algorithmus zur kapazitätsorientierten Bildung von Losen**
Von Tilmann Greiner. ISBN 3-540-19300-6.
1988, 135 Seiten mit 37 Abbildungen. 73,– DM

118 **Kabelbaummontage mit Industrierobotern**
Von Gerd Schlaich. ISBN 3-540-19301-4.
1988, 131 Seiten mit 62 Abbildungen. 73,– DM

119 **Beitrag zur Verbesserung der Fertigungskostentransparenz bei Großserienfertigung mit Produktvielfalt**
Von Albrecht Köhler. ISBN 3-540-19393-6.
1988, 148 Seiten mit 72 Abbildungen. 73,– DM

120 **Entwicklungs- und Planungshilfen zum Aufbau von flexiblen Ordnungssystemen**
Von Rainer Schanz. ISBN 3-540-19394-4.
1988, 104 Seiten mit 48 Abbildungen. 73,– DM

121 **Bestücken von Leiterplatten mit Industrierobotern**
Von Ernst Wolf. ISBN 3-540-50013-8.
1988, 132 Seiten mit 63 Abbildungen. 73,– DM

122 **Verschleißvorgänge beim Querschneiden dünner Bahnen**
Von Thomas Hülsmann. ISBN 3-540-50049-9.
1988, 126 Seiten mit 47 Abbildungen und 5 Tabellen. 73,– DM

123 **Geometrieprüfung in der Fertigungsmeßtechnik mit bildverarbeitenden Systemen**
Von Claus P. Keferstein. ISBN 3-540-50050-2.
1988, 128 Seiten mit 53 Abbildungen. 73,– DM

124 **Modulares Simulationsmodell für die Abläufe in verketteten Fertigungszellen mit Industrierobotern**
Von Kum-Hoan Kuk. ISBN 3-540-50069-3.
1988, 130 Seiten mit 57 Abbildungen. 73,– DM

125 **Montage von Schläuchen mit Industrierobotern**
Von Bruno Frankenhauser. ISBN 3-540-50072-3.
1988, 139 Seiten mit 63 Abbildungen. 73,– DM

126 **Kommissioniersystem mit Roboter und Mehrstückgreifer**
Von Klaus Baumeister. ISBN 3-540-50133-9.
1988, 104 Seiten mit 53 Abbildungen. 73,– DM

127 **Sensorunterstütztes Programmierverfahren für das Entgraten mit Industrierobotern**
Von Dieter Boley. ISBN 3-540-50175-4.
1988, 128 Seiten mit 67 Abbildungen. 73,– DM

128 **Die Arbeitsraumgestaltung manueller Montagearbeitsplätze mit graphischen und wissensbasierten Methoden**
Von Klaus Lay. ISBN 3-540-50259-9.
1988, 129 Seiten mit 50 Abbildungen und 7 Tabellen. 73,– DM

129 **Automatisierung des Biegerichtens**
Von Stefan Thiel. ISBN 3-540-50432-X.
1988, 142 Seiten mit 57 Abbildungen und 5 Tabellen. 73,– DM

130 **Rechnergestützte Verfahren zur Auslegung der Mechanik von Industrierobotern**
Von Martin-Christoph Wanner. ISBN 3-540-50640-3.
1989, 202 Seiten mit 80 Abbildungen. 73,– DM

131 **Entwicklung eines bestandsorientierten Fertigungssteuerungssystems für die Großserienfertigung am Beispiel des Automobilbaus**
Von G. Hachtel. ISBN 3-540-50639-X.
1989, 163 Seiten mit 34 Abbildungen und 6 Tabellen. 73,– DM

132 **Ergonomische Gestaltung der Benutzerschnittstelle am Antriebssystem des Greifreifenrollstuhls**
Von Ludwig Traut. ISBN 3-540-50877-5.
1989, 210 Seiten mit 127 Abbildungen. 73,– DM

133 **Planung taktzeitoptimierter flexibler Montagestationen**
Von Joachim Schöninger. ISBN 3-540-50896-1.
1989, 122 Seiten mit 47 Abbildungen. 73,– DM

134 **Ein Modell für ein integriertes Qualitäts- und Prüfplanungssystem in der Montage**
Von Josef R. Kring. ISBN 3-540-51195-4.
1989, 140 Seiten mit 60 Abbildungen. 73,– DM

135 **Fertigungsstrukturierung auf der Basis von Teilefamilien**
Von Manfred Auch. ISBN 3-540-51290-X.
1989, 138 Seiten mit 34 Abbildungen. 73,– DM

136 **Kollisionsbehandlung als Grundbaustein eines modularen Industrieroboter-Off-line-Programmiersystems**
Von Andreas Altenhein. ISBN 3-540-51418-X.
1989, 129 Seiten mit 53 Abbildungen. 73,– DM

137 **Ein Beitrag zur Planung und Bewertung Neuer Arbeitsstrukturen in NE-Metallgießereien Dargestellt am Beispiel der Fertigungsinsel**
Von Horst Nespeta. ISBN 3-540-51419-8.
1989, 157 Seiten mit 58 Abbildungen. 73,– DM

Die Bände sind im Erscheinungsjahr und in den folgenden drei Kalenderjahren zu beziehen durch den örtlichen Buchhandel oder durch Lange & Springer, Otto-Suhr-Allee 26-28, 1000 Berlin 10.